Judasbaum, Seite 26

Schwarzerle, Seite 27

Rotbuche, Seite 28

Bluthbuche, Seite 29

Kornelkirsche, Seite 36

Flieder, Seite 41

Tulpenbaum, Seite 54/55

Schwarzer Holunder, Seite 50/51

Pfirsich, Seite 52

Silberweide, Seite 53

Gleditschie, Seite 66/67

Taschentuchbaum, Seite 68/69

Fortsetzung auf der hinteren Umschlagklappe

MEIKE BOSCH

Bäume — am Blatt erkennen

64 LAUB- UND NADELBÄUME

KOSMOS

INHALT

SO FUNKTIONIERT DIESES BUCH

Bäume am Blatt erkennen – damit wollen wir es Ihnen ganz einfach machen, die Bäume in Ihrer Umgebung kennenzulernen und ihre Namen herauszufinden. Pflücken Sie ein Blatt vom Baum und bestimmen Sie seine Länge mithilfe des auf den Klappen abgebildeten Maßstabes. Wir haben die Blätter in drei Größen unterteilt: kleiner als 10 cm, zwischen 10 und 15 cm und größer als 15 cm. Haben Sie die Länge Ihres Blattes gemessen, können Sie nun in einer der drei Kategorien suchen. Auch innerhalb dieser Kategorien geht es wieder von klein nach groß. Ein sehr kleines Blatt mit nur 5 cm finden Sie also in der ersten Gruppe ziemlich weit vorn. Legen Sie dann das Blatt auf die abgebildeten Blätter auf den Seiten, um zu vergleichen, ob die Größe und vor allem auch die Form des Blattes übereinstimmen. Die Größe kann dabei mehr oder weniger abweichen, da nie alle Blätter eines Baumes die gleiche

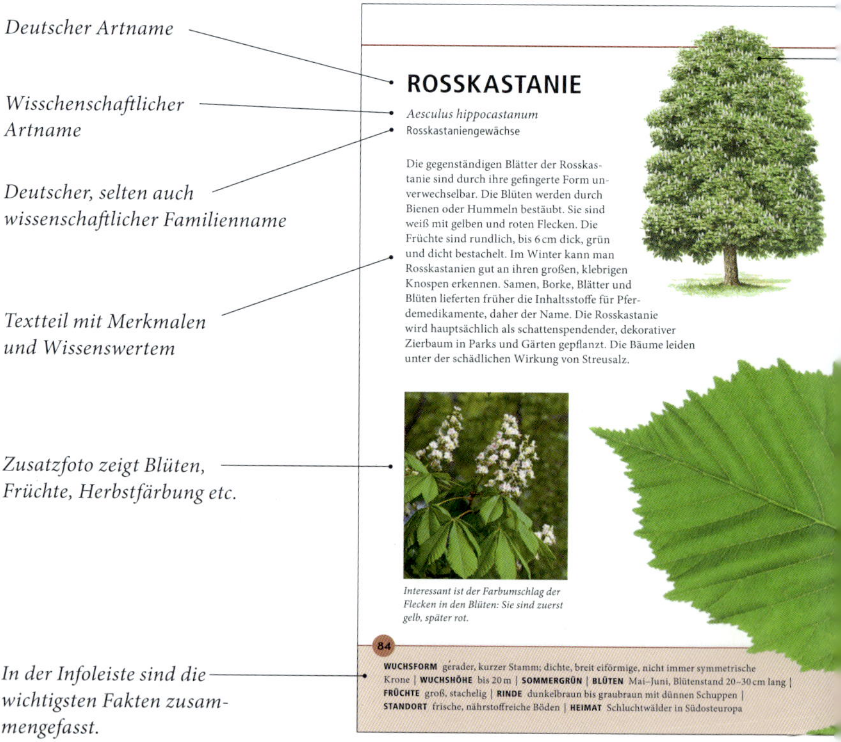

Größe haben (siehe auch Seite 9). So werden Sie nach wenigen Vergleichen schnell die richtige Art gefunden haben.

Die Seiten bzw. Doppelseiten sind immer gleich aufgebaut: Oben finden Sie den deutschen sowie den wissenschaftlichen Artnamen und den deutschen Familiennamen, nur wo es diesen nicht gibt den wissenschaftlichen. Der Text beschreibt kurz die wichtigsten Merkmale des Baumes, anhand derer Sie abgleichen können, ob Sie die richtige Art gefunden haben. Außerdem erfahren Sie hier Interessantes und Wissenswertes über die jeweilige Baumart.

Das Blatt ist immer in der durchschnittlichen Größe abgebildet. Direkt am Blatt wird auf die zum Erkennen der Art wichtigen Merkmale wie die Blattform oder die Ausprägung des Blattrandes hingewiesen. Die Zeichnung zeigt den Baum als Ganzes. Seine äußere Gesamtform, sein sogenannter Habitus, ist oft ganz charakteristisch und mit ein bisschen Übung kann man viele Baumarten schon aus der Ferne an ihrer Form gut erkennen. Auf dem kleinen Zusatzfoto sehen Sie weitere interessante Details, das können die Blüten oder Früchte sein, die Rinde oder die Herbstfärbung.

Die Illustration zeigt das Gesamterscheinungsbild (Habitus) des Baumes.

Bei sehr großen Blättern, die nicht ganz auf die Seite passen, ist das vollständige Blatt noch einmal klein abgebildet.

FASZINIERENDE BÄUME

Bäume üben auf viele Menschen einen ganz besonderen Reiz aus. Im Wald unter ihrem dichten Blätterdach kann man sich hervorragend erholen, wir sind beeindruckt von einzelnen, uralten Baumriesen und finden Gefallen an baumgesäumten Alleen. Bäume spielen in Märchen und Sagen, in Geschichten und Mythen oft eine wichtige Rolle, ihnen werden heilende und magische Kräfte zugeschrieben. Letztendlich sind sie für uns lebensnotwendig, produzieren sie doch den unverzichtbaren Sauerstoff.

Artenvielfalt

Nach dem Ende der Eiszeit vor etwa 10 000 Jahren gab es bei uns in Mitteleuropa gar nicht mehr so viele verschiedene Baumarten – die meisten fielen der langen Kälte zum Opfer.

Unter den Kronen der Waldbäume herrscht eine ganz besondere Stimmung.

Nach und nach wanderten einige Arten wieder ein und inzwischen haben Botaniker, Gärtner, Förster oder Pflanzensammler eine Vielzahl an fremdländischen Gehölzen nach Mitteleuropa eingeführt. Sei es wegen ihrer schönen Blüten und schmackhaften Früchte, wegen guter Holzeigenschaften und eines hohen Zuwachses oder in jüngerer Zeit auch wegen ihrer Widerstandskraft gegen Luftverunreinigungen, was diese Arten als ideale Staßenbäume kennzeichnet.
Allerdings müssen alle diese eingeführten Arten mit den mitteleuropäischen, mitunter recht kalten und feuchten Wintern zurechtkommen, was die Auswahl an „Exoten" doch wieder erheblich einschränkt und für uns ein wenig übersichtlicher macht.
Unsere einheimischen Gehölze dagegen sind an das hier herrschende Klima bestens angepasst. Oft aber nicht an das spezielle Stadtklima, das trockener und wärmer ist. Hier kommen dann oftmals doch wieder die fremdländischen Gehölze zum Zug.
Auf den folgenden Seiten lernen Sie 64 Baumarten kennen, denen Sie bei einem Spaziergang im Wald, im Park oder in großen Gärten begegnen können oder die Sie oft als Straßenbegleiter sehen. Wir haben Bäume ausgewählt, die bei uns häufig sind bzw. häufig gepflanzt werden, unabhängig davon, ob sie einheimisch sind oder nicht.

BÄUME AM BLATT ERKENNEN

Gewöhnlich werden Bäume anhand ihrer Blüten bestimmt. Damit wird gleichzeitig auch ausgedrückt, zu welcher Familie und Gattung sie gehören und mit welchen anderen Bäumen, Sträuchern oder sonstigen Pflanzen sie näher oder entfernt verwandt sind. Wenn Sie aber bei einem Spaziergang einen Baum entdecken, der Sie interessiert, dann blüht er entweder noch nicht oder nicht mehr oder es hängen nur die Früchte daran. Und trotzdem wüssten Sie gern, wie dieser Baum heißt, bevor Sie vielleicht die Früchte sammeln. Natürlich möchten Sie nicht warten, bis der Augenblick günstig, sprich die Blüten im optimalen Zustand sind, um den Baum zu bestimmen. Und selbst wenn: Manchmal ist es auch einfach durch die Höhe des Baumes nicht möglich, die Blüten näher in Augenschein zu nehmen. Bei Nadelbäumen ist das Erkennen der Blüten sowieso oft nicht so einfach, weil sie meistens sehr unscheinbar sind und oft nur die gelben Wolken aus Blütenstaub auffallen.

Form und Größe

Mit diesem Buch können Sie die vorgestellten Bäume anhand der Blätter bestimmen. Mithilfe der ungefähren Größe der Blätter und der Ausprägung des Blattrandes kommt man seinem Ziel, nämlich der Bestimmung des Baumes, schnell näher.

Die Bestimmung anhand der Blüten – hier die Blüten der Eiche – kann schwierig sein.

In einschlägigen Bestimmungsbüchern werden die Blätter der Bäume alle mehr oder weniger in der gleichen Größe dargestellt. Und selbst wenn eine Größenangabe dabei ist, so ist es trotzdem oft schwierig, sich etwas darunter vorzustellen. Vor allem fehlt der Vergleich zu anderen Arten. Das Rotbuchenblatt ist kleiner als das der Traubeneiche. Das Blatt der Quitte ist größer als das des Apfels. In diesem Buch haben wir die Bäume darum auch nicht vorrangig nach Verwandtschaft sortiert, sondern hauptsächlich nach der Größe ihrer Blätter.

Mithilfe der Blätter – hier ein Zweig der Traubeneiche – lassen sich Bäume einfacher bestimmen.

Alle Arten mit Nadel- oder Schuppenblättern finden Sie ab Seite 88 in einem eigenen Kapitel. Hier sind nicht die einzelnen Nadeln, sondern kleine Zweigstücke in Originalgröße abgebildet. An diesen können Sie die Stellung der Nadeln am Zweig und oftmals auch die Unterseite der Nadeln erkennen. Beides sind wichtige Bestimmungsmerkmale.

Bestimmungshilfe

Bei einigen Bäumen, wie zum Beispiel der Schwarzen Maulbeere auf Seite 37, steht unter der Beschreibung des Blattes „variabel". Das kann bedeuten, dass das abgebildete Blatt völlig in Form und Größe von dem abweicht, was Sie in Händen halten. Nicht verzagen! Nehmen Sie die anderen Charakteristika zur Hand und überprüfen Sie, ob diese auf Ihren Baum zutreffen. Schauen Sie nach, ob Sie ein weiteres Blatt finden, das sich von dem ersten unterscheidet.

Zunächst einmal ist es wichtig, die richtigen Blätter zur Bestimmung des Baumes auszuwählen. Ist es Frühjahr und die Blätter sind noch nicht ausgereift und haben noch nicht ihre endgültige Form und Größe erreicht? Wurde der Baum geschnitten und hat mit senkrechten Schossern darauf reagiert? Sie sollten möglichst keine Blätter von starkwüchsigen Langtrieben und Stockausschlägen heranziehen, da diese häufig wesentlich größer als die normalen, charakteristischen Blätter sind. Sind die Blätter, die Sie im Herbst unter einem Baum finden, überhaupt von diesem oder hat sie der Wind hergeweht? Auch besonders kleine oder von Tieren angefressene Blätter sind nicht hilfreich. Beim Betrachten des Baumes erkennen Sie aber bald, welche Blattform und Größe ungefähr dem Durchschnitt entspricht. Wenn auf der Rückseite der Blätter für die Bestimmung wichtige Eigenschaften zu sehen sind, wird darauf hingewiesen.

WAS IST EIN BLATT?

Blätter sind die Kraftwerke der Bäume. In ihnen produziert der Baum mithilfe von Sonnenlicht und dem grünen Farbstoff Chlorophyll Sauerstoff und Energie in Form von Zucker. Diesen Vorgang nennt man Photosynthese. Die Fläche des Blattes wird Spreite genannt, die darauf sichtbaren Linien Adern oder Nerven. Eine Besonderheit sind die gefiederten Blätter mancher Bäume, wie zum Beispiel die der Vogelbeere (Seite 58) oder der Walnuss (Seite 78). Diese Blätter setzen sich aus vielen Blättchen, den Fiederblättchen, zusammen. Zum Bestimmen werden nicht die einzelnen Fiederblättchen betrachtet, sondern das ganze Blatt (siehe hierzu die Illustrationen ab Seite 16). Man kann es sich so vorstellen, als hätte jemand aus einem ganzen Blatt mit der Schere die einzelnen Blättchen herausgeschnitten, vergleichbar mit der Rosskastanie. Da käme man auch kaum auf die Idee, die Blättchen einzeln zu betrachten.
Die Nadeln der Nadelbäume werden hier ebenfalls oft als Blätter bezeichnet. Blätter und Nadeln sind durch ihre

Eine Buche im Frühjahr: Die Blätter sind vom Chlorophyll kräftig grün gefärbt.

Im Herbst wird das Chlorophyll in seine Bestandteile zerlegt, die Blätter werden gelb.

Die parallelen Blattnerven des Ginkgo ähneln denen der Nadeln der Tannenbäume.

Das Erscheinungsbild der meisten Nadelbäume ist winters wie sommers gleich.

Entstehungsgeschichte vergleichbar. Die Art, an der dies deutlich wird, ist der Ginkgo. Verwandtschaftlich gehört er eher in die Nähe der Nadel- als der Laubbäume. Aber hat er nicht Blätter? Ja, schon, allerdings deutet die Anordnung der Adern doch mehr auf eine Nadel hin, weil es keine Hauptader wie bei einem Laubblatt gibt, sondern alle gleichberechtigt aus der Basis entspringen, ungefähr parallel verlaufen und sich nicht oder kaum verzweigen. Dennoch hat sich die Bezeichnung Blatt für diese in ihrer Funktion ähnlichen Organe der Bäume eingebürgert.

Sommergrün oder immergrün

Bäume haben verschiedene Strategien entwickelt, wie sie sich auf die für sie stressige kalte Jahreszeit vorbereiten. Das Problem an der Kälte ist, dass die empfindlichen Blätter bei tiefen Temperaturen Schaden nehmen können oder der Baum nicht genug Wasser zu den Blättern transportieren kann, wenn der Boden gefroren ist. Daher ist für alle einheimischen Laubbäume der Blattfall im Herbst die Regel. Da Nadelbäume einen anderen Stoffwechsel haben und die Nadeln eine kleinere Fläche darstellen, über die viel weniger Wasser verdunstet, können es sich die meisten Nadelbäume leisten, ihre Blätter zu behalten. So fangen sie im Frühjahr zeitiger wieder an zu wachsen, da die Nadeln schon betriebsbereit sind. Sommergrüne Bäume werfen im Herbst ihr Laub ab. Dazu gehören die meisten hier beschriebenen Laubbäume, aber auch die Lärche oder das Chinesische Rotholz als Vertreter der Nadelbäume. Auch immergrüne Bäume werfen ihr Laub irgendwann ab, nämlich dann, wenn die Blätter ihr Lebensalter erreicht haben. Diese Arten verlieren ihre Blätter jedoch nicht alle auf einmal, sondern nach und nach, sodass der Baum nie kahl aussieht. Ein in diesem Buch beschriebener Laubbaum, der die Blätter im Herbst nicht abwirft, ist der Kirschlorbeer (Seite 63). Die Grenze zwischen sommer- und immergrünen Bäumen ist also nicht zwischen Laub- und Nadelbäumen zu ziehen.

BLÜTEN UND FRÜCHTE

Alle hier vorgestellten Bäume blühen. Manche auffällig wie z. B. der Birnbaum, manche ganz unscheinbar wie die Nadelbäume. Aus den bestäubten Blüten entwickeln sich Früchte, die die Samen enthalten, die für die Verbreitung der Art zuständig sind.
Hinter dem Stichwort Blüten sind die Monate angegeben, in denen das Gehölz normalerweise in voller Blüte steht. Eine nähere Beschreibung der Blüten erfolgt im Text. Fehlen die Angaben dazu, sind die Blüten so unscheinbar, dass sie nur einem geübten Betrachter ins Auge fallen. Fehlt diese Angabe ganz, ist der Zeitpunkt der Blüte unbekannt. Die Früchte werden in dieser Leiste nur kurz angerissen. Wenn es noch andere wissenswerte Details hierzu gibt, z. B. ob sie essbar sind oder womöglich giftig, finden sich diese Angaben ebenfalls im Text. Das Gleiche gilt bei den Nadelbäumen für die Zapfen.

Junge Zapfen der europäischen Lärche

Blüten der Birne mit roten Staubblättern.

Auf einen Blick

In diesem Buch haben wir für Sie einige wichtige und auffällige Früchte bzw. Zapfen auf der vorderen und hinteren Klappe zusammengefasst. Dabei haben wir auf so bekannte Früchte wie Äpfel oder Kastanien verzichtet und uns für die Früchte entschieden, die einem immer wieder auffallen, bei denen man aber doch nicht genau weiß, zu welcher Baumart sie gehören.

Kleine ungenießbare Früchte der Wildbirne.

DER BAUM ALS GANZES

Wenn Sie einen Baum betrachten, sollten Sie sich nicht alleine auf die Blätter konzentrieren, sondern den Baum als Ganzes sehen. Seine Krone, die ungefähre Höhe, die Wuchsform, die Rinde. Eine Kurzbeschreibung dieser Eigenschaften und Merkmale finden Sie in der Leiste unten auf der Bestimmungsseite.

Krone und Wuchshöhe

Die Ausbildung der Krone und die ganze Wuchsform ist davon abhängig, ob Sie einen jungen oder einen ausgewachsenen Baum vor sich haben. Diese Formen sind oft im Herbst oder Winter besser zu erkennen, wenn die meisten Bäume kein Laub haben. Aus diesem Grund wurden hier nur die Beschreibungen von alten Bäumen aufgenommen.

Die Wuchshöhe dagegen ist nicht nur vom Alter, sondern auch von der Nährstoffversorgung, vom idealen Standort und vom Klima abhängig. Fremdländische Bäume erreichen die hier beschriebene Wuchshöhe oft nur in ihrem Heimatland unter optimalen Bedingungen.
Auch das Höchstalter ist eine Angabe, die von vielen Faktoren, nicht zuletzt vom Standort, abhängig ist. Bei vielen Baumarten, hauptsächlich nicht einheimischen, ist das Höchstalter hierzulande gar nicht bekannt. Oft schlichtweg deshalb, weil diese Arten bei uns noch gar nicht so lange kultiviert werden, als dass sie ihr Höchstalter hätten erreichen können.
Wuchsform und Wuchshöhe sind außerdem davon abhängig, ob der Baum alleine steht, vielleicht in einem

Nur ein frei stehender Baum wie diese Eiche kann eine für die Art typische Kronenform entwickeln.

Verschiedene Rinden und Borken (v. l. n. r.): Buche, Eiche, Platane, Birke.

Park, oder in Gesellschaft anderer wie im Wald. Nur ein Gehölz, das alleine steht, kann die charakteristische, hier beschriebene Kronenform ausbilden, da es nicht von anderen bedrängt wird und ausweichen muss, oder gar im Wuchs gehemmt wird.

Rinde und Borke

Beim Betrachten der Rinde oder Borke eines Baumes ist es wichtig, auch sein Alter zu berücksichtigen. In dieses Buch wurde nur die Erscheinungsform der Rinde von alten Bäumen aufgenommen, die von derer junger Bäume erheblich abweichen kann. Umgangssprachlich bezeichnet man mit Rinde eher die glatten Baumstämme wie zum Beispiel bei der Buche. Die Eiche hat demgegenüber eine Borke, da der Stamm im Alter sehr rau und rissig wird. Je nach Ausprägung kann man die Borke genauer beschreiben. Bei der Eiche spricht man z. B. von einer Streifenborke, da die Risse darin längs verlaufen. Außerdem kennen wir die Plattenborke wie bei der Platane sowie die Ringelborke, bei der das äußere Gewebe als Ring abreißt wie bei der Birke.

Standort und Heimat

Der Standort beschreibt die Bodeneigenschaften wie z. B. das Nährstoffangebot inklusive Wasserversorgung, bei denen das Gehölz in seiner Heimat am besten wächst. Zum Standort kommt oft noch die Bezeichnung Licht- oder Schattholz hinzu. Diese Begriffe gehen auf das Lichtbedürfnis des Baumes ein. Ein Lichtholz braucht nicht nur mehr Licht, sprich Sonne, um zu gedeihen, seine Blätter sind auch derber und aus ihnen verdunstet weniger Wasser als bei Schatthölzern. Außerdem verträgt ein Baum, der als Lichtholz bezeichnet wird, einen Standort mit weniger guter Wasserversorgung. Der Begriff Schattholz bezeichnet gleichzeitig den feuchteren, besser mit Wasser versorgten Boden, in dem dieser Baum wurzelt.
Unter dem Stichwort Heimat wurde vermerkt, wo das Gehölz ursprünglich vorkommt, auch bei so alten Bekannten wie z. B. der Rosskastanie, die man ja eigentlich als einheimisch bezeichnen würde. Fehlt der Stichpunkt „Heimat“, ist der beschriebene Baum tatsächlich einheimisch.

BOTANISCHE FACHBEGRIFFE

Damit Sie dieses Buch sinnvoll nutzen und leicht verstehen können, ist es notwendig, einige botanische Fachbegriffe zu kennen. Keine Angst, es sind nicht viele und anhand der Zeichnungen wird es Ihnen nicht schwerfallen, sich diese Begriffe einzuprägen.

Aufbau eines Blattes

Das einzelne Blatt ist gegliedert in die Blattspreite – also die Blattfläche – und den Stiel, mit dem das Blatt am Zweig sitzt. Auf der Spreite erkennt man feine Linien, die als Nerven oder Adern bezeichnet werden.

Blattformen

Nach der Beschaffenheit der Blätter unterteilt man zunächst in kleine, sehr feste Nadel- und Schuppenblätter und in die größeren, weicheren Laubblätter. Bei den Laubblättern kann man dann je nach Umrissform und Ausprägung des Blattrandes noch weiter unterteilen und unterscheidet dabei ungeteilte, flächige Blätter und zusammengesetzte Blätter.

NADEL- UND SCHUPPENBLÄTTER

Schuppenblätter
Abendländischer Lebensbaum, Seite 91

Nadeln
Fichte, Seite 94

FLÄCHIGE BLÄTTER MIT GLATTEM RAND, GANZRANDIG

eiförmig
Rotbuche, Seite 28

herzförmig
Judasbaum, Seite 26

lanzettlich
Silberweide, Seite 53

FLÄCHIGE BLÄTTER MIT GEZÄHNTEM ODER GESÄGTEM RAND

Rand gezähnt
Esskastanie, Seite 62

Rand gesägt
Vogelkirsche, Seite 31

GELAPPTE BLÄTTER

Rand gelappt
Stieleiche, Seite 47

ZUSAMMENGESETZTE BLÄTTER

paarig gefiedert
(ohne Endblättchen)
Gleditschie, Seite 67

unpaarig gefiedert
(mit Endblättchen)
Walnuss, Seite 79

handförmig geteilt
Rosskastanie, Seite 84

dreizählig
Goldregen, Seite 35

Blattstellung

Die Anordnung der Blätter am Zweig ist ganz charakteristisch für die jeweilige Baumart. Betrachten Sie hierzu nicht die Zweigspitze, sondern einen etwas älteren, weiter innen liegenden Zweigabschnitt.

wechselständig
(pro Knoten ein Blatt)
Hainbuche, Seite 39

gegenständig
(pro Knoten stehen sich zwei Blätter gegenüber)
Feldahorn, Seite 25

in Quirlen
(3 Blättchen an einem Knoten)
Wacholder, Seite 93

in Büscheln
(mehr als 3 Blättchen an einem Knoten)
Europäische Lärche, Seite 101

LAUBBÄUME

BIRKE

Betula pendula
Birkengewächse

Die Blätter und Zweige der Birke sind stets kahl, allerdings haben die Zweige anfangs drüsige Wärzchen. Der Blattstiel ist 1,3–2 cm lang. Die jungen Zweige sind grau bis braun-schwarz und hängen später elegant herab. Die 2–3 cm langen Fruchtkätzchen sind walzenförmig. Die Mittellappen der Fruchtschuppen sind spitz und kleiner als die Seitenlappen. Im Herbst färben sich die Blätter hellgelb. Die Birke braucht viel Wasser und Nährstoffe. Sie wird bis zu 120 Jahre alt. Als Flachwurzler ist sie ein guter Bodenfestiger und ein Pioniergehölz, auch auf Brandflächen. Die Birke spendet mit ihren kleinen Blättern einen lichten Schatten und ist auch aufgrund ihrer eleganten Wuchsform ein beliebter Gartenbaum.

Es werden sehr viele 7 mm große zweiflüglige Nüsschen gebildet, die vom Wind verbreitet werden.

WUCHSFORM gerader, durchgehender Stamm | **WUCHSHÖHE** bis 25 m | **SOMMERGRÜN** | **BLÜTEN** Mai–Juni | **FRÜCHTE** 1-samige, 2-flüglige Nüsse | **BORKE** weiße Ringelborke (S. 15), abblätternd | **STANDORT** Hochmoorgehölz, anspruchslos, Sandböden, Lichtholz

Die Früchte der Schlehe sind mit einer Wachsschicht überzogen und erscheinen daher blau bereift.

SCHLEHE

Prunus spinosa
Rosengewächse

Die Schlehe, auch Schwarzdorn genannt, ist eine der Urformen unserer Mirabellen und Pflaumen. Sie ist ein stark dorniger Strauch, dessen Blätter oft behaart und matt dunkelgrün sind. Auch die Zweige sind anfangs samtig behaart. Ihre weißen Blüten sind 1–1,5 cm breit. Sie erscheinen meist einzeln vor den Blättern. Die kugeligen schwarzblauen Steinfrüchte stehen aufrecht, sie sind adstringierend und schmecken herb. Genießbar sind sie erst nach dem ersten Frost. Die Schlehe breitet sich durch Wurzelsprosse aus, daher wird sie als reich- und frühblühender Strauch zur Begrünung von Böschungen gepflanzt. Die Schlehe ist eine gute Bienennährpflanze – hier finden die Bienen Nektar und Pollen – sowie ein wertvolles Vogelschutzgehölz.

WUCHSFORM sparrig verzweigt | **WUCHSHÖHE** 1–4 m | **SOMMERGRÜN** | **BLÜTEN** Mai–Juni | **FRÜCHTE** 6–18 mm dick, schwärzlich | **STANDORT** trocken, steinige Waldränder, Hecken

Die Blütenkätzchen der Zitterpappel treiben schon früh im Jahr aus und enthalten sehr viel Pollen.

ZITTERPAPPEL

Populus tremula
Weidengewächse

Die Blätter der Zitterpappel sind wechselständig und unterseits blaugrün. Sie können an starkwüchsigen Langtrieben bis 15 cm lang werden. Da sie an langen, dünnen Stielen sitzen, werden sie leicht vom Wind bewegt – sie „zittern wie Espenlaub“, denn die Zitterpappel wird auch Espe oder Aspe genannt. Die Blütenstände sind 5–10 cm lange, hängende Kätzchen, die stets vor den Blättern erscheinen. Die Frucht ist eine Kapsel, darin sind zahlreiche Samen mit Haarschopf. Das sehr weiche Holz dieser schnellwüchsigen Pappelart wird für Zündhölzer und zur Papierherstellung verwendet. Hohle Altbäume bieten vielen Lebewesen Versteckmöglichkeiten und Lebensraum.

WUCHSFORM rundlich, ovale, meist durchsichtige Krone | **WUCHSHÖHE** 5–20 m | **SOMMERGRÜN** | **BLÜTEN** März–April | **FRÜCHTE** Kapseln | **RINDE** gelblich-grau, rissig | **STANDORT** Gebüsche, sehr lichtbedürftig

SILBERPAPPEL

Populus alba
Weidengewächse

Die Silberpappel hat wechselständige Blätter, die stark in ihrer Form variieren. Die besten Unterscheidungsmerkmale zur Zitterpappel sind die weißfilzige Unterseite der Blätter und die jungen Zweige und Knospen, die durch ihre flaumige Behaarung ebenfalls weiß-silbrig wirken – daher der Name. Die sehr kleinen, behaarten Samen sind bereits vor dem Abschluss der Laubentfaltung ausgereift. Ihre Kapsel öffnet sich bei trockener Witterung und die Samen werden durch den Wind verbreitet. Die schmalkronige Pyramidenform wird als Park- und Straßenbaum gepflanzt. Die Silberpappel wächst sehr schnell und produziert in kurzer Zeit sehr viel Holz, das in der Zellstoff- und Papierindustrie Verwendung findet.

Die hellsilbrige Unterseite der Blätter ist gut zu erkennen, wenn sie sich im Wind bewegen.

WUCHSFORM lockere, durchsichtige Krone | **WUCHSHÖHE** bis 35 m | **SOMMERGRÜN** | **BLÜTEN** Kätzchen, März | **FRÜCHTE** 10–15 cm lange Fruchtstände, eiförmige Kapselfrüchte | **RINDE** hell weißgrau | **STANDORT** sehr anpassungsfähig, hoher Nährstoffgehalt | **HEIMAT** Mittelmeerraum, weite Teile Südwestasiens

Die roten Früchte des Weißdorns sind ein sehr beliebtes Winterfutter für Vögel, hier eine Amsel.

EINGRIFFLIGER WEISSDORN

Crataegus monogyna

Rosengewächse

Der Weißdorn hat wechselständige Blätter, die sehr variabel sind. Meist sind sie gelappt, aber nie ganzrandig. Am Grunde des Blattstiels stehen sich zwei kleine Nebenblätter gegenüber. Die Äste der Blütenstände sind behaart, die weißen Blüten werden 10–15 mm breit. Sie stehen in mehr oder weniger vielblütigen Doldenrispen und ähneln kleinen Apfelblüten. Die dunkelroten Früchte haben einen Steinkern und werden im Winter gerne von Vögeln gefressen. Das Holz ist hell und hart. Der Weißdorn ist eine alte Arzneipflanze. Vor allem Blätter und Blüten werden für Tees und Medikamente zur Stärkung des Herzens verwendet. Als Zierbaum wird der „Rotdorn" gepflanzt, eine Züchtung des Weißdorns mit roten, gefüllten Blüten.

WUCHSFORM große Sträucher oder kleine Bäume | **WUCHSHÖHE** bis 10 m | **SOMMERGRÜN** | **BLÜTEN** Mai–Juni | **FRÜCHTE** 6–10 mm lang | **RINDE** rau und schuppig | **STANDORT** Gebüsche und wärmeliebende Wälder

FELDAHORN

Acer campestre
Ahorngewächse

Die Blattform der gegenständigen Blätter des Feldahorns ist sehr variabel. Die Blattlappen sind stumpf, der mittlere ist 3-lappig, die seitlichen sind oft ganzrandig. Die Buchten zwischen den Lappen sind spitz. Der Feldahorn hat eine meist gelbe Herbstfärbung. Die grünlichen Blüten stehen aufrecht in 10- bis 20-blütigen Doldenrispen. Sie dienen als Bienenweide. Die Samen werden vom Wind verbreitet, dazu dienen die waagrecht abstehenden Flügel. Der Feldahorn wird oft als Wind- und Vogelschutzgehölz gepflanzt. Er wird bis zu 150 Jahre alt.

Ein wichtiges Bestimmungsmerkmal des Feldahorn sind die waagrecht abstehenden Flügel der Früchte.

WUCHSFORM Krone dicht verästelt, rundlich | **WUCHSHÖHE** 15 m | **SOMMERGRÜN** | **BLÜTEN** Mai–Juni | **FRÜCHTE** geflügelte Nussfrüchte | **RINDE** graubräunlich, stark längsrissig | **STANDORT** anspruchslos, lehmige, kalkhaltige Böden, Halbschattholz

JUDASBAUM

Cercis siliquastrum
Johannisbrotgewächse

Der Judasbaum hat wechselständige, vorne abgerundete Blätter mit einem bis zu 4 cm langen Stiel. Die Blüten stehen zu 4–10 in kleinen Doldentrauben. Das Erscheinen der 2 cm langen dunkelvioletten Blüten auch direkt am Stamm (Kauliflorie) stellt eine Besonderheit dar, und sieht sehr dekorativ aus. Die Fruchthülsen sind mehrsamig, sie öffnen sich erst spät, bleiben den Winter über an der Pflanze und entlassen die Samen meist erst im Frühjahr. Der Judasbaum ist ein großer Strauch bis kleiner Baum, der im Weinklima in Parks und Gärten angepflanzt wird. Vor allem junge Pflanzen sind noch kälteempfindlich und können im Winter unter –18 °C Schaden nehmen. Der Judasbaum mag kalkreiche Böden.

Eine seltene Besonderheit des Judasbaumes: Die Blüten können direkt am Stamm erscheinen.

WUCHSFORM breite, oft unregelmäßige Krone | **WUCHSHÖHE** bis 10 m | **SOMMERGRÜN** | **BLÜTEN** April–Mai | **FRÜCHTE** längliche Hülsen, stark abgeflacht | **BORKE** fast schwarz, reißt in unregelmäßige Felder auf | **STANDORT** mäßig mit Wasser und Nährstoffen versorgt | **HEIMAT** Iberische Halbinsel, Krim

SCHWARZERLE

Alnus glutinosa
Birkengewächse

Charakteristisch für das Blatt der Schwarzerle ist die abgerundete Blattspitze mit der Einkerbung. Junge Zweige und Blätter sind klebrig. Unterseits sind die Blätter bis auf Achselbärte kahl. Die Früchte sind kleine, gestielte dunkle Zapfen, die sehr lange am Baum bleiben und im Winter vielen Vögeln als Nahrungsquelle dienen. Der Name kommt von der im Alter schwarzen Rinde. Die raschwüchsige Schwarzerle kann bis zu 120 Jahre alt werden. Ihr Holz ist im Wasser sehr haltbar und wird außer für Mühlen auch in der Möbeltischlerei verwendet. Schwarzerlen können mithilfe von Wurzelknöllchen den Stickstoff aus der Luft binden und somit den Boden verbessern.

Die jungen Zapfen der Schwarzerle sehen grün aus, die vom letzten Jahr erscheinen schwarzbraun.

WUCHSFORM pyramidale Krone mit bis in die Spitze durchlaufendem Stamm | **WUCHSHÖHE** bis 20 m | **SOMMERGRÜN** | **BLÜTEN** März–April | **FRÜCHTE** verholzte Zapfen mit Nüssen | **RINDE** schuppige Borke mit Längs- und Querrissen | **STANDORT** nass oder zeitweise überschwemmt, Bruch- und Moorwälder, Halbschattholz

ROTBUCHE

Fagus sylvatica
Buchengewächse

Die Früchte der Rotbuche werden als Bucheckern bezeichnet. Es sind 3-kantige Nüsschen mit konkaven Seitenwänden. 26 Vogel- und 17 Säugetierarten ernähren sich von Bucheckern. Von der Rotbuche gibt es viele Sorten, z. B. Trauerformen mit hängenden Ästen oder Blutbuchen mit dunkelroten Blättern. Das schwere und harte Holz der Rotbuche gehört zu den wirtschaftlich bedeutendsten Laubhölzern Europas, es findet in Handwerk und Industrie breite Verwendung, z. B. als Treppen, Parkett, Möbel und Türen. Die Rotbuche ist sehr schattentolerant und kann unter anderen Bäumen auskeimen. Die ältesten bekannten Exemplare sind 900 Jahre alt.

Die stachelige, holzige Fruchthülle der Rotbuche ist aufgesprungen und setzt die Nüsschen im Innern frei.

WUCHSFORM weit ausladende Krone | **WUCHSHÖHE** bis 40 m | **SOMMERGRÜN** | **BLÜTEN** April–Mai | **FRÜCHTE** in stacheligem Fruchtbecher | **RINDE** glatt, grau | **STANDORT** gedeiht auf allen Gesteinen und fast allen Bodentypen, Schattholz

Die Blüten der Blutbuche sind rötlicher als die der Rotbuche, beide werden vom Wind bestäubt.

BLUTBUCHE

Fagus sylvatica f. purpurea
Buchengewächse

Blutbuchen sind eigentlich Rotbuchen mit purpurfarbenen Blättern. Sie sind aber nicht gezüchtet, sondern gehen auf Bäume mit genetischen Mutationen zurück, die an verschiedenen, weit voneinander entfernten Orten wild aufgefunden wurden. Die Blätter sind in Form und Struktur wie die der Rotbuche, allerdings im Austrieb dunkelrot und später rotgrün. Die Herbstfärbung ist rotbraun. Es sind große Bäume mit breiter, rundlicher Krone. Der Stamm geht meist bis zum Wipfel durch und die Hauptäste sind stark und weit ausladend. An älteren, frei stehenden Exemplaren hängen die Zweige bis zum Boden herunter. Sie können 25–30 m hoch werden und, wenn sie frei stehen, auch genauso breit. Blüten, Früchte und sonstige Eigenschaften sind gleich wie bei der Rotbuche. Es gibt hiervon mehr als 30 gezüchtete Sorten, z. B. Hänge- oder Pyramidenformen.

WUCHSFORM Krone oft breiter als bei der Rotbuche | **WUCHSHÖHE** bis 30 m | **SOMMERGRÜN** | **BLÜTEN** April–Mai | **FRÜCHTE** in stacheligem Fruchtbecher | **RINDE** glatt, grau | **STANDORT** gedeiht auf allen Gesteinen und fast allen Bodentypen, Schattholz

SALWEIDE

Salix caprea
Weidengewächse

Die Blätter der Salweide sind unterseits graugrün und filzig, die Mittelrippe tritt stark hervor. Ihre Blütenkätzchen werden sehr groß, 4–5 cm lang und goldgelb. Sie sind in einen dichten, weißen Haarfilz gehüllt. Die Knospen sind gelbbraun bis braun. Die Zweige haben braunes Mark, das im Querschnitt sichtbar wird. Der Baum kann ausnahmsweise bis 20 m hoch werden. Er ist ein Pioniergehölz für trockene bis Überschwemmungsböden. Wegen seines sehr gut verzweigten Wurzelsystems wird er an erosionsgefährdeten Hängen gepflanzt. Es gibt etliche Sorten und Kreuzungen.

In manchen Jahren schneit es auf die Blütenkätzchen der Weiden, das schadet ihnen aber nicht.

WUCHSFORM sparrige Krone, sehr variabel | **WUCHSHÖHE** 3–9 m | **SOMMERGRÜN** | **BLÜTEN** März–April | **FRÜCHTE** Kapseln mit sehr vielen Samen | **RINDE** graugrün, rissig | **STANDORT** Gräben, Gebüsche, lichter Mischwald, bis ins Gebirge

Die Rinde der Vogelkirsche hat typische Querstreifen, an denen man die Bäume gut erkennen kann.

VOGELKIRSCHE

Prunus avium
Rosengewächse

Die Vogelkirsche ist die Urspungsform aller unserer Süßkirschensorten. Auch bei der Wildkirsche ist die dunkelrote Frucht süß und essbar. Vögel fressen sie und verbreiten so die darin enthaltenen Samen. Ihre Blätter sind recht dünn und unterseits behaart. Der Blattstiel ist bis 5 cm lang und hat am oberen Ende meist zwei rote Drüsen, aus denen Nektar austritt, der die bestäubenden Insekten anlockt. Die weißen Blüten stehen zu 2–4 zusammen. Der Zweig mit Blüten trägt keine grünen Blätter. Außer den vielen Fruchtsorten gibt es auch einige Ziersorten. Das wertvolle, sehr schön gefärbte Holz wird für Furniere im Möbelbau genutzt.

WUCHSFORM Krone regelmäßig breit eiförmig | **WUCHSHÖHE** 2–25 m | **SOMMERGRÜN** | **BLÜTEN** April–Mai | **FRÜCHTE** unter 1 cm | **BORKE** quergestreift | **STANDORT** mäßig feucht, sonnig

WILDAPFEL, HOLZAPFEL

Malus sylvestris
Rosengewächse

Der einheimische Wild- oder Holzapfel ist nicht der Vorfahr unserer vielen Apfelsorten. Dieser kam wahrscheinlich aus Asien. Beim Kulturapfel sind die Kurztriebe im Gegensatz zum Wildapfel nicht bedornt. Die Blüten sitzen bei beiden in Doldentrauben. Im Aufblühen sind sie rosa, später weiß und werden von Insekten bestäubt. Die kugeligen Früchte sind am Gipfel abgerundet, gelbgrün oder gelbrot, oft glänzend. Roh kann man die stark verholzten Früchte nicht essen, sie eignen sich aber, um daraus Saft oder Gelee zu kochen. Der Wildapfel ist ein Flachwurzler. Sein Holz ist hart und sehr schön farbig, allerdings werden die Stämme nicht sehr dick, sodass es kaum genutzt wird.

Der Nektar der weißen Apfelblüten ist reich an Zucker und daher bei Bienen und Hummeln sehr beliebt.

WUCHSFORM dichtbuschig, breitkronig | **WUCHSHÖHE** bis 10 m | **SOMMERGRÜN** | **BLÜTEN** April–Mai | **FRÜCHTE** bis 2,5 cm dick | **BORKE** rötlich braune Schuppenborke | **STANDORT** Auwälder, Gebüsche, Steinriegel

WILDBIRNE, HOLZBIRNE

Pyrus communis (P. pyraster)
Rosengewächse

Die Zweige der Wild- oder auch Holzbirne sind im Gegensatz zu den Kultursorten dornig. Hier sind die Früchte klein, kugelig bis birnenförmig und kaum genießbar. Anders als beim Apfel ist die Wild-Birne tatsächlich auch die Ursprungsform unserer Kulturbirnen. Bei den Kultursorten sind die Früchte groß, bis 8 cm lang, haben einen dicken Stiel und sind essbar. Sie sind gelb oder bräunlich, manchmal auch rotbackig, die Samen werden von Tieren verbreitet. Im Gegensatz zu den reinweißen Apfelblüten sind bei Birnenblüten die Staubbeutel rot. Sie sitzen in vielblütigen Doldentrauben. Die Blätter färben sich im Herbst lebhaft gelb oder rot. Birnen sind Tiefwurzler.

Im Gegensatz zum Apfel haben die Blüten der Birne rote Staubblätter – ein wunderschöner Anblick.

WUCHSFORM breit kegelförmig, sparrig aufrecht verzweigt | **WUCHSHÖHE** bis 20 m | **SOMMERGRÜN** | **BLÜTEN** April–Mai | **FRÜCHTE** 2–3,5 cm lang | **BORKE** graue Streifenborke | **STANDORT** Auenwälder, wärmeliebende Wälder, Gebüsche, steinige Hänge, Lichtholz | **HEIMAT** Europa, Nordafrika, Kleinasien

PFLAUME

Prunus domestica
Rosengewächse

Die dünnen Blätter der Pflaume oder Zwetsche (Zwetschge) sind unterseits behaart, ebenso die Blütenstiele. Kurz vor dem Laubaustrieb erscheinen die grünlich weißen Blüten, die meist zu zweien an den Kurztrieben sitzen. Die hängenden Früchte sind süß, der Stein ist fast glatt und flach. Pflaumen sind teilweise schwach dornige Bäume, was vor allem an den Langtrieben auffällt. Der Obstbaum stammt wahrscheinlich aus Vorderasien. In diese Verwandtschaft gehören auch die Mirabellen als Unterart mit dem Namen *P. d.* ssp. *syriaca*. Sie haben kleine, runde, gelbe Früchte, manche Sorten zur Zeit der Fruchtreife mit roten Bäckchen.

WUCHSHÖHE 1–6 m | **SOMMERGRÜN** | **BLÜTEN** April–Mai | **FRÜCHTE** eiförmig | **RINDE** grau, rau | **STANDORT** keine besonderen Ansprüche | **HEIMAT** Vorderasien

Der Goldregen macht mit den üppigen goldgelben Blütentrauben seinem Namen alle Ehre.

GOLDREGEN

Laburnum anagyroides
Schmetterlingsblütengewächse

Der Goldregen hat wechselständige, lang gestielte Blätter. Die ganzrandigen Blättchen haben fast keinen Stiel und sind unterseits anliegend behaart. Die Blüten hängen in lockeren, bis 20 cm langen Trauben, sind goldgelb und dienen als Bienen- und Hummelweide. Die seidig behaarten Fruchthülsen hängen in dichten Büscheln bis in den Winter an der Pflanze. Wenn sie reif sind, springen sie auf und verdrehen sich. Vom Goldregen gibt es verschiedene Sorten, die als Zierstrauch seit alters her angepflanzt werden. Hasen und Kaninchen zerstören den Goldregen durch Abnagen der Rinde.

WICHTIG Alle Pflanzenteile des Goldregens sind stark giftig!

WUCHSFORM großer Strauch, ältere Zweige überhängend | **WUCHSHÖHE** 5–9 m | **SOMMERGRÜN** | **BLÜTEN** Mai–Juni | **FRÜCHTE** Hülsen bis 8 cm lang | **RINDE** glatt, grün | **STANDORT** mäßig trockene, nährstoffreiche Böden, wärmeliebend | **HEIMAT** Südfrankreich bis Rumänien

KORNELKIRSCHE

Cornus mas
Hartriegelgewächse

Die Blätter der Kornelkirsche haben 3–5 Paar Seitennerven, die sich vor dem Blattrand Richtung Spitze biegen. Sie haben unterseits in den Nervenwinkeln kleine Bärtchen. Der Rand ist oft wellig oder runzlig. Die goldgelben, 3 mm breiten Blüten hängen in kugeligen, wenigblütigen Dolden. Von den länglichen Steinfrüchten haben Kornelkirschen ihren Namen, sie sind aber nicht mit den Kirschen verwandt. Die säuerlichen Früchte gelten als Wildobst. Das Gehölz ist wegen der frühen Blüte eine wertvolle Bienenweide. Es festigt durch Wurzelsprosse den Boden und wird als Windschutz gepflanzt.

Die roten Steinfrüchte der Kornelkirsche stellen im Herbst eine begehrte Nahrung für Vögel dar.

WUCHSFORM großer Strauch oder kleiner Baum, dichtstruppig, breit | **WUCHSHÖHE** 2–5 m | **SOMMERGRÜN** | **BLÜTEN** März–April | **FRÜCHTE** rot, länglich | **BORKE** braunschuppig abblätternd | **STANDORT** Auwälder, lichte Eichenwälder, Halbschattholz

SCHWARZE MAULBEERE

Morus nigra
Maulbeergewächse

Der Schwarze Maulbeerbaum hat wechselständige Blätter, die oberseits sehr rau sind. Ihre Form kann stark variieren. Sie können breit bis eiförmig sein, ohne oder mit 2–5 Lappen. Teilweise werden sie bis zu 10 cm lang und sind grob gesägt, die Lappen sind kurz zugespitzt. Seit Jahrtausenden dienen die Blätter der Maulbeerbäume als Futter für Seidenraupen. Farblich sind die Blüten unauffällig. Sie werden vom Wind bestäubt. Die Früchte schmecken süß und sind in brombeerartigen Fruchtständen vereint. Bei uns sind die Maulbeeren nur in Weingegenden ausreichend winterhart, sonst brauchen vor allem junge Bäume einen Schutz.

Die reifen Fruchtstände der Schwarzen Maulbeere sehen fast aus wie Brombeeren.

WUCHSFORM Krone dicht und rund, kurzzweigig | **WUCHSHÖHE** 1–15 m | **SOMMERGRÜN** | **BLÜTEN** Mai | **FRÜCHTE** dunkelrot bis schwarzrot | **RINDE** löst sich im Alter grobschuppig ab | **STANDORT** nur in geschützten Lagen anpflanzen | **HEIMAT** Westasien

TRAUBENKIRSCHE

Prunus padus
Rosengewächse

Die Blätter der einheimischen Traubenkirsche sind unterschiedlich groß. An Langtrieben werden sie fast doppelt so lang wie normal. Der Blattstiel ist grün mit zwei Drüsen am Ende. Die Blütenbecher sind innen dicht behaart, nach dem Verblühen fallen sie ab. Die weißen Blüten sind meist über 1 cm breit und duften. Sie hängen zu 15–30 in lockeren Trauben. Die Früchte sind glänzend schwarz und kugelig. Sie werden von Vögeln verbreitet. Das weiche Holz hat geringe forstliche Bedeutung, da es wenig dauerhaft ist.

WICHTIG Alle Pflanzenteile, insbesondere Rinde und Samen, sind giftig!

Die Blüten der Traubenkirsche sind Nahrungsquelle für Schwebfliegen.

WUCHSFORM schmale, dichte Krone | **WUCHSHÖHE** bis 10 m | **SOMMERGRÜN** | **BLÜTEN** April–Mai | **FRÜCHTE** 6–8 mm dick | **BORKE** schwarzgrau | **STANDORT** feuchte, humusreiche Böden, Halbschattholz

HAINBUCHE

Carpinus betulus
Birkengewächse

Die Blätter der Hainbuchen sind wechselständig. Sie bleiben über den Winter trocken am Baum hängen, bis im Frühjahr die neuen Blätter erscheinen. Der Stamm ist im Querschnitt nicht rund, sondern unregelmäßig und mit Längswülsten versehen. Die Stämme sind häufig krumm. Die Hainbuche hat eine sehr wichtige bodenverbessernde Aufgabe im Wald. Ihre Lebensdauer liegt bei etwa 150 Jahren. Sie wird auch gerne als Heckenpflanze verwendet, da sie immer wieder neu austreiben kann und zu sehr dichten Hecken wächst. Das Holz ist weiß, darum wird der Baum auch Weißbuche genannt. Es wird als Werkzeugstiel, Nudelholz oder Fleischklopfer genutzt, auch Hackklötze sind aus Hainbuche.

In den herabhängenden Fruchtständen der Hainbuche sind die hellbraunen Nüsschen zu erkennen.

WUCHSFORM stark beastet, große, dichte, ovale Krone | **WUCHSHÖHE** bis 20 m | **SOMMERGRÜN** | **BLÜTEN** April–Mai | **FRÜCHTE** flache, gerippte, bräunliche Nüsse, Fruchthülle 3-lappig, 12–17 cm lange, traubige Fruchtstände | **RINDE** glatt, relativ dünn, grau | **STANDORT** grasreiche Laubwälder, Hecken, Waldränder, Schatt- bis Halbschattholz

HASELNUSS

Corylus avellana
Birkengewächse

Haselnüsse werden von den verschiedensten Tieren als fettreiche Nahrung geschätzt.

Die Blätter der Haselnuss sind rau und beiderseits haarig, sie stehen wechselständig am Zweig. Die Blüten sind bis auf die männlichen Kätzchen unscheinbar. Es existieren zahlreiche Fruchtsorten und verschiedene dekorative Gartenformen, darunter die Blut-Hasel mit purpurroten bis braunroten Blättern und die Korkenzieher-Hasel, bei der die Zweige fast schraubig wachsen. Die Haselnuss ist nicht nur Bienenweide, sie dient auch vielen anderen Tieren wie Nagern und Vögeln als Nahrung. Sie kann als Hecke gepflanzt werden, da sie gut schnittverträglich ist.

WUCHSFORM großer Strauch | **WUCHSHÖHE** 2–4 m | **SOMMERGRÜN** | **BLÜTEN** Februar–April | **FRÜCHTE** Fruchthülle etwa so lang wie die Nuss | **BORKE** braungrau, fasert in langen Kräuseln ab | **STANDORT** frische, nährstoffreiche Böden, Licht- Halbschattpflanze | **HEIMAT** Europa, Kaukasus, bis zur Polargrenze

FLIEDER

Syringa vulgaris
Ölbaumgewächse

Der Flieder hat gegenständige Blätter. Die Blüten erscheinen an vorjährigen Trieben in end- oder seitenständigen, 10–20 cm langen Rispen. In der Wildform sind sie lila und stark duftend. Bei den Kultursorten kommen viele Farbabstufungen zwischen Weiß, Violett und Rot vor, mit einfachen oder gefüllten Blüten – bereits seit dem 16. Jahrhundert wird der Flieder kultiviert. Die ungefüllten Sorten werden von Insekten bestäubt. Sie verbreiten sich durch Eigenaussaat und Ausläufer. Flieder ist für frei wachsende Hecken geeignet und gedeiht auch noch auf armen Böden. Er braucht viel Raum und muss wuchern können.

Die Blüten des wilden Flieders sind lila und duften ebenso wie die Zuchtformen.

WUCHSFORM oft verdrehte Stämme, Großstrauch oder kleiner Baum | **WUCHSHÖHE** 2–10 m | **SOMMERGRÜN** | **BLÜTEN** April–Mai | **FRÜCHTE** Kapseln | **BORKE** hellgrau bis beige, längsrissig | **STANDORT** wärmeliebende Gebüsche, in der Heimat auf kalkhaltigen Gebirgshängen | **HEIMAT** Südosteuropa

SPITZAHORN

Acer platanoides
Ahorngewächse

In Städten und Parkanlagen Europas und Nordamerikas ist der Spitzahorn wegen seiner frühen und auffälligen Blüte, seiner Formenvielfalt und attraktiven Herbstfärbung sehr beliebt. Dagegen ist er im Wald eher selten zu finden. Die gelbgrünen Blüten stehen in aufrechten, 8 cm langen Doldenrispen. Das feinporige Holz lässt sich leicht bearbeiten und wird für Möbel, Schneidebretter und Kegelkugeln verwendet. Der Spitzahorn wird bis zu 150 Jahre alt. Er gilt als Bodenverbesserer, da sein Laub schnell zersetzt wird.

Die Blätter des Spitzahorns verfärben sich im Herbst spektakulär in verschiedene Rot- und Gelbtöne.

WUCHSFORM unten breite, rundliche, dicht belaubte Krone | **WUCHSHÖHE** bis 25 m | **SOMMERGRÜN** | **BLÜTEN** April–Mai | **FRÜCHTE** Fruchtflügel einen stumpfen Winkel bildend bis fast waagrecht abstehend | **RINDE** längsrissig, nicht abblätternd | **STANDORT** krautreiche Laubwälder, anspruchsvoll, keine stehende Nässe, wärmeliebend | **HEIMAT** mittleres und nördliches Europa

Die kleinen gelbgrünen Blüten des Spitzahorns fallen auf, weil sie kurz vor den Blättern erscheinen.

Anhand der Früchte kann man den Spitzahorn deutlich von der Platane (Seite 72) unterscheiden.

QUITTE

Cydonia oblonga
Rosengewächse

Das Blatt der Quitte ist unterseits grasgrün. Junge Zweige, Blatt- und Blütenstiele und die unreifen Früchte sind dicht filzig behaart. Die Blüten sind rosa, 4 –5 cm breit und werden von Insekten bestäubt. Die Früchte sind groß, mit vielen Samen in jedem Fach. Sie sind leuchtend gelb, teilweise mit roten Bäckchen und duften. Roh sind sie nicht genießbar, gekocht, z. B. als Gelee oder Kompott, sehr wohlschmeckend. Es gibt sehr viele Fruchtsorten. Quitten sind seit der Antike bekannte Frucht- und Heilpflanzen. Die schleimhaltigen Samen werden z. B. bei Magenbeschwerden und Husten eingesetzt.

Erst wenn sich der Filz ablöst, sind die Quitten reif.

WUCHSFORM kleiner Baum | **WUCHSHÖHE** 1,2–6 m | **SOMMERGRÜN** | **BLÜTEN** Mai–Juni | **FRÜCHTE** rundlich bis birnenförmig | **RINDE** flach abblätternde Schuppenborke | **STANDORT** warme, tiefgründige Lehmböden, wintermild | **HEIMAT** Transkaukasien, Turkestan

In der angeschnittenen Frucht erkennt man viele Samen.

HUNDSROSE

Rosa canina
Rosengewächse

Die Hundsrose steht stellvertretend für sehr viele einheimische Arten. Sie alle haben wechselständige, gefiederte Blätter. Meistens sind es 5–7 elliptische Fiederblättchen, selten 9. Ihre Blattränder sind einfach oder doppelt gesägt. Die Blüten sind 4–5 cm breit, weiß bis hellrosa. Sie stehen oft zu dreien beieinander und sind wichtige Pollenlieferanten für viele Insekten. Die Früchte (Hagebutten) sind rund bis eiförmig und scharlachrot. Sie enthalten sehr viel Vitamin C und werden für Tee und Hägenmark verwendet. Die Triebe sind meist stark bestachelt, an Langtrieben stehen die Stacheln oft weit voneinander entfernt, an Blütentrieben fehlen sie häufig.

WUCHSFORM bogig überhängende Zweige | **WUCHSHÖHE** 1–3 m | **SOMMERGRÜN** | **BLÜTEN** Juni | **FRÜCHTE** 1–2 cm lang | **RINDE** Triebe mit kräftigen hakenförmigen Stacheln besetzt | **STANDORT** Gebüsche, Hecken, Schutthalden

TRAUBENEICHE

Quercus petraea
Buchengewächse

Die Traubeneiche hat einen langen Blattstiel, der 1–3 cm misst. Der Fruchtstiel hingegen ist unter 1 cm lang, sodass es aussieht, als säßen die Eicheln wie eine Traube zusammen, daher der Name. Die Narben, also der weibliche Teil der grünlichen Blüten, ist rosa. Im Herbst färben sich die Blätter auffallend gelb. Das trockene Laub fällt sehr spät ab, oft erst wenn die neuen Blätter treiben, und wird schnell zersetzt. Traubeneichen kommen hauptsächlich im Hügelland und Gebirge vor. Sie sind schöne Park- und Straßenbäume und werden 500–800 Jahre alt. Ohne ihr Holz wäre der Schiffsbau nicht denkbar.

Die Eicheln der Traubeneiche sitzen fast ohne Fruchtstiel am Zweig, der Blattstiel ist länger.

WUCHSFORM Stamm gewöhnlich bis zum Wipfel durchgehend | **WUCHSHÖHE** bis 35 m | **SOMMERGRÜN** | **BLÜTEN** Mai | **FRÜCHTE** Eicheln | **RINDE** lange glatt, später rissig | **STANDORT** Laubmischwälder und Gebüsche, empfindlich gegen Staunässe, Lichtholz

STIELEICHE

Quercus robur
Buchengewächse

Die Blätter sind lederartig, sie fallen im Spätherbst oder frühen Winter ab. Der Name kommt von den langen Fruchtstielen, die 3–8 cm lang sind. Es sieht aus, als stehe jede Eichel auf einem eigenen Stiel. Die Stieleiche ist ein Baum der Hartholzaue und kommt zusammen mit Ulmen, Eschen, Pappeln vor. Sie toleriert auch länger anhaltende Überflutungen. Ihr Höchstalter liegt bei 400–800 Jahren, einzelne Exemplare können bis 1000 Jahre alt werden. Die Stieleiche spielt in der Mythologie wegen ihres hohen Alters, ihrer stattlichen Größe und ihres großen Nutzens eine wichtige Rolle.

WUCHSFORM Stamm gewöhnlich am Beginn der Krone sich zerteilend | **WUCHSHÖHE** bis 40 m | **SOMMERGRÜN** | **BLÜTEN** Mai | **FRÜCHTE** Eicheln mit langem Stiel | **RINDE** allmählich in starke, schwarze, tiefrissige Borke übergehend | **STANDORT** frische, gute Böden, verträgt hohen Grundwasserstand, Lichtholz

Auf der Unterseite hat das Blatt in den Nervenwinkeln rotbraune Bärte, bei der Sommerlinde sind diese weiß.

Die Früchte der Linden haben einen Flügel, der bei der Verbreitung durch den Wind hilft.

WINTERLINDE

Tilia cordata
Malvengewächse

Die Blätter sind dünn und haben unterseits braune Achselbärte. Die Blüten stehen in 5–11-blütigen Trugdolden, sie sind gelblichweiß und duften stark nach Honig. Die Winterlinde produziert mehr Nektar als die Sommerlinde. Im Gegensatz zur Sommerlinde sind die Früchte glatt und zerdrückbar. Sie bleiben bis in den Winter am Baum und dienen so vielen Vögeln und Kleinsäugern als Nahrung. Die Winterlinde gilt als Bodenverbesserer wegen ihrer leicht zersetzbaren Laubstreu. Sie wurde früher in Parks als hohe, geschnittene Hecke verwendet, da sie gut wieder ausschlägt.

verkleinert

WUCHSFORM Stamm gerade, oft mit dicken Wucherungen, Krone länglich | **WUCHSHÖHE** bis 25 m | **SOMMERGRÜN** | **BLÜTEN** Juli | **FRÜCHTE** gestielte Nüsschen | **BORKE** längsrissig, dunkel | **STANDORT** Laubmischwälder, mäßig anspruchsvoll, Halbschatt- bis Schattpflanze

SOMMERLINDE

Tilia platyphyllos
Malvengewächse

Das Blatt der Sommerlinde ist oberseits kurzhaarig, unterseits in den Nervenwinkeln weißbärtig. Die Blüten duften nach Honig. Die Früchte sind stark 5-kantig, holzig und steinhart, sie werden vom Wind verbreitet. Der Baum wird als Spätblüher gerne von Bienen und Hummeln besucht. Linden sind altbekannte Arzneipflanzen. Lindenholz ist das beste Schnitzholz, z. B. für Altarfiguren. Die Bäume haben kaum Krankheiten und Schädlinge, sind aber empfindlich gegen Luftverunreinigung. Sommerlinden können bis 1.000 Jahre alt werden.

WUCHSFORM Krone umgekehrt herzförmig | **WUCHSHÖHE** bis 30 m | **SOMMERGRÜN** | **BLÜTEN** Juni | **FRÜCHTE** gestielte Nüsschen | **BORKE** Netzborke | **STANDORT** Edellaubwälder, sehr anspruchsvoll

SCHWARZER HOLUNDER

Sambucus nigra
Geißblattgewächse

Die Blätter des Schwarzen Holunders sind gegenständig und unpaarig gefiedert. Die Stiele der meist 5 Blättchen sind durch eine Querlinie paarweise verbunden. Die cremeweißen Blütenstände sind schirmförmig, 10–15 cm breit und duftend. Sie werden von Insekten bestäubt. Vögel verbreiten die glänzend schwarzen Früchte, die meist 3 Steinkerne haben. Der Holunder wächst oft in Siedlungsnähe bei Mist- oder Komposthaufen. Er ist ein Flachwurzler und Stickstoffzeiger, der gut schnittverträglich ist. Der Holunder ist eine unserer ältesten und vielseitigsten Heilpflanzen. Er wurde früher als die Apotheke des kleinen Mannes bezeichnet.

WICHTIG Die Beeren sind roh giftig!

Der Farbstoff in den Früchten des Holunders ist so intensiv, dass er sogar industriell genutzt wird.

WUCHSFORM großer Strauch, ältere Äste überhängend | **WUCHSHÖHE** 3–7 m | **SOMMERGRÜN** | **BLÜTEN** Juni–Juli | **FRÜCHTE** 7 mm | **RINDE** längsgefurcht, graubraun, korkartig | **STANDORT** frische, nährstoffreiche Böden, Licht- bis Halbschattholz

Die großen cremeweißen Blütendolden haben einen charakteristischen Duft und werden zum Aromatisieren von Sirup verwendet.

PFIRSICH

Prunus persica
Rosengewächse

Die Blattstiele der Pfirsichblätter sind bis 1 cm lang und mit roten Drüsen versehen. Die rosa Blüten erscheinen meist vor den Blättern, sie stehen einzeln oder zu zweien. Das Fruchtfleisch löst sich oft leicht vom Stein. Dieser ist groß mit tiefen Furchen und Löchern. Der Pfirsich ist bei uns seit mindestens 500 Jahren als Obstbaum in Kultur. Er wurde vermutlich mit der Weinrebe durch die Römer zu uns gebracht. Es wurden viele Fruchtsorten gezüchtet, aber auch eine Menge Ziersorten, die als schöne Blütengehölze mit gefüllten oder halbgefüllten Blüten Verwendung finden.

Die intensiv gefärbten Blüten des Pfirsichs erscheinen vor den Blättern und fallen daher besonders auf.

WUCHSFORM Großstrauch oder Baum | **WUCHSHÖHE** bis 10 m | **SOMMERGRÜN** | **BLÜTEN** April–Mai | **FRÜCHTE** fast kugelig | **STANDORT** warm, trocken, kalkliebend | **HEIMAT** wahrscheinlich China

SILBERWEIDE

Salix alba
Weidengewächse

Die jungen Blätter der Silberweide sind beiderseits seidig behaart und erscheinen ebenso wie die jungen Zweige deshalb silberweiß, daher der Name. Die 1,5 mm langen Samen sind im Mai / Juni reif und werden als „Wolle“ vom Wind verbreitet. Die Silberweiden festigen durch dichtes, flaches Wurzelwerk das Ufer von Bächen und zählen unter den raschwüchsigen Weiden mit zu den größten Bäumen. Alte Weidenbäume besitzen eine große ökologische Bedeutung als Ruhe-, Schlaf- und Nistplatz für viele Tiere, z. B. Fledermäuse und Eulen. Außerdem sind sie als Bienennährpflanzen geschätzt. In der Rinde von Weidenzweigen wurde die Salicylsäure entdeckt. Diese ist der Grundstoff für Schmerzmittel.

Die silbrige Behaarung der jungen Blätter und Zweige verliert sich mit zunehmendem Alter.

WUCHSFORM Krone breit kegelförmig, stark verzweigt | **WUCHSHÖHE** bis 30 m | **SOMMERGRÜN** | **BLÜTEN** April–Mai | **FRUCHT** Kapsel | **BORKE** schwarzgrau, tief längsrissig | **STANDORT** nasse und überschwemmte, nährstoffreiche Böden, wärmeliebend

TULPENBAUM

Liriodendron tulipifera
Magnoliengewächs

Der Tulpenbaum hat wechselständige Blätter, deren Form sehr unterschiedlich sein kann, sie sitzen an 6–8 cm langen Stielen. Im Herbst färben sie sich intensiv goldgelb. Die gelben Blüten erinnern in Größe und Form an Tulpenblüten. Die zapfenähnlichen, spitz zulaufenden, holzigen Fruchtstände halten bis zum Frühjahr. In ihnen reifen viele geflügelte Nüsschen. In ihrer Heimat können die Bäume bis zu 700 Jahre alt werden. Ihr Holz lässt sich leicht bearbeiten und sehr gut polieren, ist aber weich. Tulpenbäume sind schön für große Anlagen, sie sollten frei stehen.

WICHTIG Alle Teile der Pflanze sind für Menschen giftig, nicht aber für Weidevieh, Vögel und Kaninchen.

Wer unter einem Tulpenbaum steht sieht leider nicht viel von den Blüten, da sie sich nach oben öffnen.

WUCHSFORM Krone stark verzweigt, locker, kegelförmig, Stamm bis zum Wipfel durchgehend | **WUCHSHÖHE** 30 m | **SOMMERGRÜN** | **BLÜTEN** Mai–Juli | **FRÜCHTE** bis 8 cm lang | **BORKE** grau, tiefrissig | **STANDORT** feuchte, tiefgründige Böden mit hohem Nährstoffgehalt | **HEIMAT** Osten von Nordamerika

gelappt,
fast viereckig
ganzrandig
2 große, geschwungene
Seitenlappen

Die Fruchtflügel des Bergahorns stehen in einem spitzen Winkel zueinander.

BERGAHORN

Acer pseudoplatanus
Ahorngewächse

Die Blätter des Bergahorns sind unterseits meist nur längs der Hauptnerven behaart. Die Blüten hängen in walzenförmigen, 6–12 cm langen Rispen. Der Bergahorn wird als Forstbaum gepflanzt, außerdem ist er wegen seiner großen Krone ein vorzüglicher Straßen- und Parkbaum und kann 400–500 Jahre alt werden. Sein Holz wird unter anderem für die Herstellung von Musikinstrumenten verwendet. Der Bergahorn ist als Tiefwurzler ein Gehölz, das den Boden festigt. Es gibt einige Ziersorten mit z. B. gelben oder roten Blättern. Rinde und Blätter des Bergahorns erinnern stark an Platanen (Seite 72). Das beste Unterscheidungsmerkmal sind die Früchte.

WUCHSFORM aufstrebende Äste, abgerundete Krone | **WUCHSHÖHE** bis 30 m | **SOMMERGRÜN** | **BLÜTEN** Mai | **FRÜCHTE** Fruchtflügel etwa rechtwinklig zueinander | **RINDE** grau, schuppig abblätternd | **STANDORT** krautreiche Laubwälder, feuchte, nährstoffreiche Böden, Schatt- bis Halbschattholz

Die Früchte dienen nicht nur als Wintervogelfutter, man kann sie auch als Brotaufstrich zubereiten.

Der unangenehme Geruch der Blüten lockt vor allem Käfer und Schwebfliegen zur Bestäubung an.

EBERESCHE, VOGELBEERE

Sorbus aucuparia
Rosengewächse

Die Blätter der Eberesche oder Vogelbeere sind mit 9–17 länglichen Blättchen unpaarig gefiedert und bilden eine schöne gelbe oder rote Herbstfärbung aus. Eine gute Bienenweide sind die weißen, etwa 1 cm breiten Einzelblüten, die in vielblütigen Schirmrispen stehen. Die Früchte sind rundlich, rotorange und mehlig. Roh sind sie wenig schmackhaft, aber ungiftig und sehr Vitamin-C-haltig. Ebereschen sind als Tiefwurzler Bodenverbesserer, allerdings sind sie sehr streusalzempfindlich. Unterscheidungsmerkmale zur Esche sind die Früchte und die dicht weißfilzig behaarten Winterknospen.

WUCHSFORM breite, unregelmäßige Krone, kleiner Baum oder mehrstämmiger Strauch | **WUCHSHÖHE** 3–15 m | **SOMMERGRÜN** | **BLÜTEN** Mai–Juni | **FRÜCHTE** 6–10 mm dick | **RINDE** glatt, hellgrau | **STANDORT** Gebüsche, Licht- bis Halbschattholz | **HEIMAT** in Nord- und Mitteleuropa, vorwiegend im Gebirge

BLAUGLOCKENBAUM

Paulownia tomentosa
Braunwurzgewächse

Der Blauglockenbaum hat gegenständige Blätter, die 12–25 cm lang sind und auf einem langen Stiel stehen. Sie sind unterseits dicht grauwollig behaart. Die Blüten sind 5–6 cm lang, hellviolett und duften. Sie stehen in 20–30 cm langen, pyramidalen, rispenartigen Blütenständen und gehen unmittelbar vor der Blattentfaltung auf. Die Paulownie ist ein schöner Blütenbaum für freien Stand. Die Frucht ist eine ovale, 2-klappige, lederne, scharf zugespitzte, herzförmige Kapsel mit zahlreichen schwach geflügelten Samen, die flache Längsleisten haben. Der Baum wurzelt sehr flach. Er ist frostempfindlich und wird ab etwa –18 °C stärker geschädigt.

Die hellvioletten Blüten haben eine so außergewöhnliche Farbe, dass sie uns sofort ins Auge fallen.

Hier sind die herzförmigen Früchte noch geschlossen und unreif, später werden sie braun und springen unten auf.

WUCHSFORM breitkronig, starktriebig | **WUCHSHÖHE** bis 20 m | **SOMMERGRÜN** | **BLÜTEN** April–Mai | **FRÜCHTE** bis 3 cm lang | **BORKE** grau, unregelmäßig kurz aufgerissen | **STANDORT** liebt warme Lagen | **HEIMAT** Mittel- bis Nordchina

eiförmig, an Langtrieben
auch 3–5-lappig
ganzrandig oder
gezähnt
Grund
herzförmig

ESSKASTANIE

Castanea sativa
Buchengewächse

Die etwas ledrigen Blätter der Ess- oder Edelkastanie sind spiralig angeordnet und werden im Herbst sehr spät gelb. In jedem Zahn des Blattrandes läuft eine Blattader aus. Die Blüten sind 20–25 cm lange gelbe Kätzchen. Im Herbst reifen die Kastanien, glänzend dunkelbraune Nüsse mit stacheligem Fruchtbecher. Sie werden als Maroni gegessen oder zu Mehl verarbeitet. In Südfrankreich werden unter anderem Weinfässer aus Esskastanienholz gemacht. Werden die Bäume abgeholzt bilden sich viele gerade und gleichmäßig aufgebaute Stämme. Die Esskastanie ist ein sehr schöner, tief wurzelnder Parkbaum, der 500–600 Jahre alt werden kann.

WUCHSFORM kräftige Stämme, verzweigen sich in geringer Höhe, wenige starke Äste, oft drehwüchsig | **WUCHSHÖHE** bis 30 m | **SOMMERGRÜN** | **BLÜTEN** Juni–Juli | **FRÜCHTE** 2–3 cm lange Nüsse | **RINDE** graubraun, Streifen laufen spiralig um den Stamm | **STANDORT** in grasreichen Eichenwäldern, wärmeliebend, Halbschattholz | **HEIMAT** südliches Europa, Mittelmeerraum

KIRSCHLORBEER

Prunus laurocerasus
Rosengewächse

Die länglichen Blätter des Kirschlorbeer sind derb, ledrig und glänzend. Form und Umriss können je nach Sorte sehr unterschiedlich sein. Ihr Rand ist oft leicht nach unten gerollt, der Stiel ist kurz. Die weißen Blüten sind etwa 8 mm breit. Sie erscheinen in lange aufrecht stehenden, vielblütigen Trauben. Die eiförmigen Steinfrüchte sind erst rot, später fast schwarz. Der Kirschlorbeer ist ein bei uns gerne gepflanztes Ziergehölz. Form und Höhe hängen von der Sorte ab.

WICHTIG Alle Pflanzenteile, besonders Blätter und Samen, sind giftig!

WUCHSFORM abhängig von der Sorte | **WUCHSHÖHE** 2–10 m | **IMMERGRÜN** | **BLÜTEN** Mai | **FRÜCHTE** ca. 1 cm lang | **RINDE** glatt, dunkel | **STANDORT** schwerer Boden, Halbschatten und Sonne | **HEIMAT** Südosteuropa bis Kaukasien

zugespitzt

TROMPETENBAUM

Catalpa speciosa
Bignoniaceen

Die festen Blätter des Trompeten- oder auch Bohnenbaums sind unterseits reichlich behaart. Sie stehen auf langen Stielen, sind gegenständig oder seltener quirlständig. Die duftenden, weißen, glockigen Blüten stehen in vielblütigen, lockeren Rispen und sind innen undeutlich gepunktet. Die mit langen Haarbüscheln an beiden Enden versehenen Samen reifen in einer langen, dicken Kapsel und werden vom Wind verbreitet. In kalten Wintern friert der Baum bis ins alte Holz zurück, treibt aber wieder gut aus. Wegen seiner späten Blütezeit wird er gerne in Gärten und Parks gepflanzt.

Im Innern zeigen die weißen Blüten zwei gelbe Längsstreifen und purpurne Punkte.

Die fast schwarzen Fruchtkapseln öffnen sich unten und entlassen viele flache Samen.

WUCHSFORM breite Krone, weit verzweigt, aber licht | **WUCHSHÖHE** 10–20 m | **SOMMERGRÜN** | **BLÜTEN** Juni | **FRÜCHTE** über 15 cm lang | **RINDE** matt grau in zahlreichen Schuppen aufgerissen | **STANDORT** mäßig feucht, sommerwarm | **HEIMAT** Virginia

eiförmig herzförmig
ganzrandig, manchmal etwas gelappt

GLEDITSCHIE

Gleditsia triacanthos
Caesalpiniaceen

Die wechselständigen, gefiederten Blätter mit hellgrünen, spitzen Blättchen werden sehr zeitig gelb. Die weißen bis grünlichen, unscheinbaren Blüten stehen in schlanken, 5–7 cm langen Trauben und werden von Insekten bestäubt. Die Gleditschie heißt wegen ihrer Früchte, die über den Winter am Baum hängen bleiben, auch Lederhülsenbaum. Diese Hülsen werden bis über 40 cm lang, sind etwas sichelförmig und längs verdreht. Darin befinden sich abgeflachte, hartschalige Samen. Die Stämme ausgewachsener Pflanzen tragen oft große, verzweigte Dornen. Die Gleditschie wird häufig in Parkanlagen oder als Straßenbaum gepflanzt.

Die teilweise verzweigten Dornen können an Ästen bis 8 cm, am Stamm bis zu 20 cm lang werden.

WUCHSFORM breit ausladende Krone, locker verästelt, langstämmig | **WUCHSHÖHE** 20–40 m | **SOMMERGRÜN** | **BLÜTEN** Juni–Juli | **FRÜCHTE** stark abgeflachte Hülsen | **RINDE** quer gestreift, mit vielen Dornenbüscheln | **STANDORT** alle durchlässigen Böden | **HEIMAT** Osten von Nordamerika

Blätter 10 bis 15 cm

Grannenspitze
gesägt-gezähnt
breit eiförmig
Zähnchen grannenartig zugespitzt
Grund herzförmig

TASCHENTUCHBAUM

Davidia involucrata
Tupelogewächse

Der Taschentuch- oder auch Taubenbaum hat wechselständige Blätter mit roten Blattstielen. Sie sind unterseits seidig behaart. Der Taschentuchbaum hat große, glänzende Knospen. Die Blüten haben 2 fast gegenständige, große, gelbe, später weiße Hochblätter. Diese sind lang zugespitzt bis 16 cm lang und 8 cm breit. Zwischen ihnen sind die Staubblätter pinselförmig angeordnet. Die Frucht ist eine purpurbraune, bereifte Steinfrucht mit drei bis fünf Samen. Sie weist am Stiel einen roten Ring auf. Junge Bäume sollten in den ersten Jahren vor Nässe und Frost geschützt werden.

Die Form der interessanten Blüten mit den weißen Hochblättern haben dem Taschentuchbaum seinen Namen gegeben.

WUCHSFORM Krone breit kegelförmig, aufwärts strebend | **WUCHSHÖHE** bis 20 m | **SOMMERGRÜN** | **BLÜTEN** Mai–Juni | **FRÜCHTE** 3–3,5 cm lang | **BORKE** grau, längsfurchig, schuppig | **STANDORT** in Bezug auf den Boden anspruchslos, jedoch keine Nässe, wärmeliebend | **HEIMAT** West-China

ESCHE

Fraxinus excelsior
Ölbaumgewächse

Die Blätter der Esche sind gegenständig. Häufig fallen sie im Herbst ohne Verfärbung ab und verrotten sehr schnell. Ihre Früchte sind Flügelnüsse, die in sehr dichten Büscheln sitzen. Sie werden vom Wind verbreitet. Die Rinde ist zunächst glatt, glänzend grau oder grün. Das Holz ist sehr biegefest und zäh, deshalb wird es für Sportgeräte und Werkzeugstiele verwendet. Auch in der Möbelherstellung wird Eschenholz genutzt. Eschen werden ca. 200 Jahre alt. Die Inhaltsstoffe von Blättern und Rinde wirken gegen Rheuma und chronische Schmerzen. Im Winter erkennt man Eschen an den samtschwarzen, zwiebelförmigen Knospen.

unpaarig gefiedert

7–11 Fiederblättchen, eilänglich bis lanzettlich

Die Früchte sind im September oder Oktober reif, können aber bis zum Frühjahr am Baum hängen bleiben.

WUCHSFORM kugelförmige Krone | **WUCHSHÖHE** 10–40 m | **SOMMERGRÜN** | **BLÜTEN** April–Mai | **FRÜCHTE** schmal, länglich, geflügelt | **RINDE** Netzborke | **STANDORT** frische, nährstoffreiche, lockere Böden, Halbschattholz

An den samtig behaarten Knospen ist die Esche auch im Winter gut zu erkennen.

Das beste Unterscheidungsmerkmal zu den Ahornen, die sehr ähnliche Blätter haben, sind die stacheligen Fruchtkugeln der Platanen.

PLATANE

Platanus × hispanica
Platanengewächse

Die hier gezeigte Bastard-Platane ist eine Kreuzung der Morgenländischen Platane mit einer nordamerikanischen Art, die kaum noch gepflanzt wird. Die Blätter können bis zu 25 cm breit werden. Im Gegensatz zu den Ahornen stehen die Platanenblätter wechselständig. Die Fruchtstände bilden stachelige, an langen Stielen herabhängende Kugeln, die sich aus sehr vielen Nüssen zusammensetzen. Diese Fruchtkugeln sind meist zu zweit. Platanen sind vorzügliche Straßenbäume, da sie Staub und Stadtluft vertragen. Allerdings muss in Häuserzeilen die spätere große Krone berücksichtigt werden.

3–5-lappig

WUCHSFORM breitkronig, untere Äste hängend | **WUCHSHÖHE** bis 30 m | **SOMMERGRÜN** | **BLÜTEN** Mai | **FRÜCHTE** Fruchtkugeln 3 cm groß | **BORKE** gelb bis graubraun, löst sich in größeren Platten ab, darunter hell (S. 15) | **STANDORT** frische, tiefgründige Böden ohne strenge Winterfröste

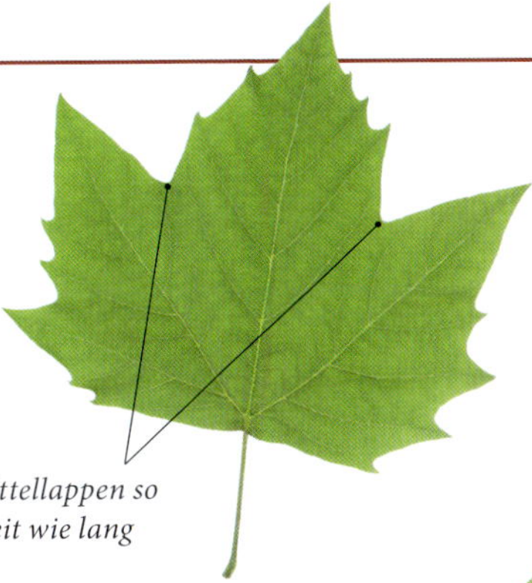
Mittellappen so
breit wie lang

Lappen buchtig
gezähnt
Lappen breit
dreieckig

ROBINIE

Robinia pseudoacacia
Schmetterlingsblütler

Die Robinie oder Scheinakazie hat wechselständige, unpaarig gefiederte Blätter, die 15–30 cm lang sind. Sie verfärben sich im Herbst leuchtend gelb und werden schnell zersetzt. Die Triebe sind stark bedornt. Der Baum bildet massenhaft duftende, in 20 cm langen Trauben hängende Blüten, die eine gute Bienenweide sind. Aus dem Nektar entsteht der Akazienhonig. Das Holz ist hart, dauerhaft und weitgehend resistent gegen Holzfäule und Insektenfraß. Robinien eignen sich gut als Parkbäume für schlechte Böden und werden oft zur Sicherung von Böschungen gepflanzt.

WICHTIG Rinde, Blätter und Samen sind stark giftig!

Der starke, süßliche Duft der weißen Blütentrauben lockt neben Bienen auch Schmetterlinge – hier ein Admiral – an.

WUCHSFORM lockere Krone, unregelmäßig beastet | **WUCHSHÖHE** 15–30 m | **SOMMERGRÜN** | **BLÜTEN** Mai–Juni | **FRÜCHTE** 5–10 cm lang, 5 cm breit, braune Hülsen | **RINDE** aschgrau, tief senkrecht gefurcht | **STANDORT** lockere, sandige Kies- oder Lehmböden | **HEIMAT** Gebirgshänge der östlichen USA

9–19 Fiederblättchen
elliptisch
ganzrandig

ROTEICHE

Quercus rubra
Buchengewächse

Die Roteiche hat ihren Namen von der rötlichen Färbung des Holzes und der schönen Herbstfärbung der Blätter. Sie ist ein schnellwüchsiger Forstbaum. Durch ihre starke Wurzelausbreitung, auch in die Tiefe, schließt sie den Boden auf. Sie ist nicht anfällig gegen Mehltau und Insektenschäden, außerdem rauchhart und industriefest, was sie zu einem idealen Straßen- und Parkbaum macht. Allerdings ist ihr Holz weniger wertvoll als das der einheimischen Eichenarten und nicht für den Schiffsbau und die Fassherstellung geeignet.

Die Blätter der Roteichen haben eine prachtvolle orangerote bis scharlachrote Herbstfärbung.

WUCHSFORM Krone rund, gleichmäßig, breitästig, Stamm meist gerade und fast ganz durchgehend | **WUCHSHÖHE** 30–50 m | **SOMMERGRÜN** | **BLÜTEN** Mai | **FRÜCHTE** fast ohne Stiel | **STANDORT** anspruchslos, Sonne | **RINDE** mit schmalen, dünnen Schuppen besetzt | **HEIMAT** Nordamerika

spitz gezähnt
verkehrt eiförmig-länglich
Lappen breiter als die Buchten

meist ganzrandig
unpaarig gefiedert
7–9 Fiederblättchen,
elliptisch

Vor der Reife sind die Nüsse von einer dicken grünen Schale umgeben, die später eintrocknet.

WALNUSS

Juglans regia
Walnussgewächse

Die wechselständigen, unpaarig gefiederten Blätter haben entfernte Ähnlichkeit mit denen der Esche. Sie sind bis 40 cm lang, die Knospen sind fein behaart. Das Holz des Walnussbaumes gilt als das wertvollste und begehrteste in Mitteleuropa. Walnussbäume lassen sich schwer verpflanzen und veredeln. Sie erreichen ein Höchstalter von 150–200 Jahren. Fruchtschalen und Laub werden zum Färben und als Arzneimittel genutzt. Halbreife Nüsse und das Laub gehören zu den Vitamin-C-reichsten Pflanzenteilen. Über Wurzeln und Blätter wird ein Stoff ausgeschieden, der auf andere Pflanzen keim- und wachstumshemmend wirkt.

WUCHSFORM breite, lockerästige Krone | **WUCHSHÖHE** bis 30 m | **SOMMERGRÜN** | **BLÜTEN** Mai | **FRÜCHTE** steinfruchtartig, kugelig, glatt, grün | **RINDE** sehr lange glatt, im Alter von unten her stark tiefrissig und dunkel | **STANDORT** sehr tiefgründiger, nahrhafter Boden, wärmeliebend | **HEIMAT** Asien und Südosteuropa

GÖTTERBAUM

Ailanthus altissima

Bittereschengewächse

Der Götterbaum hat wechselständige, unpaarig gefiederte Blätter, die 45–60 cm lang werden können. Die 13–41 Blättchen sind, ebenso wie junge Zweige, nur an jungen Pflanzen fein behaart. Die grünlich gelben Blüten stehen in 10–20 cm langen Rispen und werden durch Insekten bestäubt. Als Frucht werden geflügelte Nüsse gebildet, die zur Reife manchmal leuchtend rot gefärbt sind. Der Götterbaum verträgt Luftverunreinigungen, Salz und Trockenheit oft besser als andere Stadtbäume. Da er verwildert, hat er sich aber als Straßenbaum nicht bewährt. Zudem ist er eine problematische, invasive Art, die wegen ihres guten Austriebsvermögens schwer zu bekämpfen ist.

WUCHSFORM unregelmäßig verzweigte Krone, oft mehrstämmig | **WUCHSHÖHE** bis 25 m | **SOMMERGRÜN** | **BLÜTEN** Juli | **FRÜCHTE** 3–4 cm lang | **RINDE** glatt graubraun, mit weißem Rautenmuster | **STANDORT** frische, nährstoffreiche Böden | **HEIMAT** Ostasien

Die Blüten des Götterbaums riechen stark und unangenehm. Eine Einzelblüte wird bis zu 6 mm groß.

in eine Spitze auslaufend
scharf gesägt
11–31 Fiederblättchen, länglich lanzettlich
Fiederblättchen sitzend (ohne Stiel)

unpaarig gefiedert

Die Früchte bleiben den Winter über am Baum und fallen an den kahlen Zweigen auf. Sie schmecken säuerlich und sind ungiftig.

ESSIGBAUM

Rhus typhina
Sumachgewächse

Der Essigbaum hat dicht samtig behaarte junge Zweige. Die wechselständigen Blätter sind mit 11–31 Fiederblättchen unpaarig gefiedert und bis zu 40 cm lang, unterseits sind sie hellgraugrün. Die Blüten stehen dicht in behaarten, bis 20 cm langen, endständigen Rispen. Die klebrigen Früchte sind scharlachrot und flaumhaarig in kolbenartigen, aufrechten Fruchtständen. Besonders in trockenen Jahren fällt der Essigbaum durch seine schöne Herbstfärbung auf. Wenn er als Strauch wächst, bildet er viele Wurzelausläufer.

WUCHSFORM vielstämmiger Strauch oder kleiner Baum | **WUCHSHÖHE** 4–6 (10) cm | **SOMMERGRÜN** | **BLÜTEN** Juni–Juli | **FRÜCHTE** einsamige Steinfrüchte | **RINDE** glatt | **STANDORT** trockene, nährstoffreiche Böden | **HEIMAT** Nordamerika

ROSSKASTANIE

Aesculus hippocastanum
Rosskastaniengewächse

Die gegenständigen Blätter der Rosskastanie sind durch ihre gefingerte Form unverwechselbar. Die Blüten werden durch Bienen oder Hummeln bestäubt. Sie sind weiß mit gelben und roten Flecken. Die Früchte sind rundlich, bis 6 cm dick, grün und dicht bestachelt. Im Winter kann man Rosskastanien gut an ihren großen, klebrigen Knospen erkennen. Samen, Borke, Blätter und Blüten lieferten früher die Inhaltsstoffe für Pferdemedikamente, daher der Name. Die Rosskastanie wird hauptsächlich als schattenspendender, dekorativer Zierbaum in Parks und Gärten gepflanzt. Die Bäume leiden unter der schädlichen Wirkung von Streusalz.

Interessant ist der Farbumschlag der Flecken in den Blüten: Sie sind zuerst gelb, später rot.

WUCHSFORM gerader, kurzer Stamm; dichte, breit eiförmige, nicht immer symmetrische Krone | **WUCHSHÖHE** bis 20 m | **SOMMERGRÜN** | **BLÜTEN** Mai–Juni, Blütenstand 20–30 cm lang | **FRÜCHTE** groß, stachelig | **RINDE** dunkelbraun bis graubraun mit dünnen Schuppen | **STANDORT** frische, nährstoffreiche Böden | **HEIMAT** Schluchtwälder in Südosteuropa

ungleich
gesägt
handförmig geteilt,
5–7-zählig
Blättchen länglich
verkehrt eiförmig
am Grund keilförmig
verschmälert
Blättchen sitzend (ohne Stiel)

NADELBÄUME

In der Jugend erinnert die Wuchsform des Ginkgo an einen Nadelbaum, erst im Alter wird die Krone breiter.

GINKGO

Ginkgo biloba
Ginkgogewächse

Ginkgoblätter können nicht verwechselt werden, da sie aussehen wie platt gewalzte Nadeln. Sie sind fächerförmig, gabelnervig und sehr variabel, ihre Inhaltsstoffe werden medizinisch genutzt. Die Samen mit gelbfleischiger Schale und hartem Kern sehen ähnlich aus wie Steinfrüchte und sind essbar. Da sie aber nach dem Abfallen sehr unangenehm riechen, werden vorwiegend männliche Bäume gepflanzt, die keine Früchte tragen. Vom Ginkgo gibt es verschiedene Gartenformen. Wegen seiner Unempfindlichkeit gegen Luftschadstoffe ist der Ginkgo oft der einzige dauerhafte Park- und Straßenbaum in großen Städten. Ginkgobäume sind stets frei von Schädlingen und Krankheiten. Sie entwickeln sich unter günstigen Umständen zu sehr großen Bäumen mit einem Alter von bis zu 1.000 Jahren. Das Holz ist harzfrei, lässt sich leicht bearbeiten und eignet sich gut für Schnitzarbeiten.

WUCHSHÖHE bis 30 m | **WUCHSFORM** Krone zunächst kegelförmig, später breit mit wenig verzweigten Ästen | **SOMMERGRÜN** | **BLÜTEN** Mai–Juni | **FRÜCHTE** 2-samig | **BORKE** graubraun, grob, rissig | **STANDORT** keine besonderen Ansprüche | **HEIMAT** Mittelchina

Der Ginkgo ist in vielerlei Hinsicht eine sehr interessante Baumart. Da er sich wegen seiner Befruchtungsverhältnisse und Embryoentwicklung deutlich sowohl von Nadel- als auch von Laubbäumen unterscheidet, steht er verwandtschaftlich sehr isoliert da. Seine näheren Verwandten sind vor vielen Millionen Jahren ausgestorben. Lange hat man geglaubt, dass der Ginkgo nur als Tempelbaum in Japan und China überlebt hat, inzwischen sind sich chinesische Botaniker aber sicher, dass es noch einige natürliche Vorkommen gibt.

Die gelben Samen bekommt man nicht oft zu Gesicht, weil weibliche Bäume selten gepflanzt werden.

NOOTKA-SCHEINZYPRESSE

Chamaecyparis nootkatensis
Zypressengewächse

Am besten kann man Scheinzypresse und Lebensbaum (S. 91) unterscheiden, indem man die Blätter zerreibt. Die zerriebenen Blätter der Scheinzypresse riechen unangenehm, die der Thuja dagegen aromatisch. Die Blätter sind kreuzgegenständig, die Zweige unterseits grün, ohne weiße Striche und Flecken. Die Zapfen haben 4–6 Schuppen, diese sind braunrot und bläulich bereift. Unterhalb der Mitte haben sie eine starke, höckerförmige Spitze. Die Schuppen sind schildförmig und berühren sich nur an den Rändern. Es gibt viele Zierformen, z. B. mit gelben oder blauen Nadeln, gedrungenem Wuchs oder überhängenden Zweigen.

schuppenförmig anliegend, im Austrieb hellgelb, später hellgrün

Zweiglein fühlen sich sehr rau an

Die Reife der Zapfen kann bis zu zwei Jahren dauern, nach der Entlassung der Samen sind sie braun.

WUCHSFORM schmale Krone, locker verzweigt, durchsichtig | **WUCHSHÖHE** 20–35 m | **IMMERGRÜN** | **ZAPFEN** 8–10 mm dick | **BLÜTEN** April–Juni | **BORKE** silbrig, löst sich in dünnen Längsstreifen ab | **STANDORT** nährstoffarme Böden, feucht, Schattbaum | **HEIMAT** Nordamerika, Pazifikküste

ABENDLÄNDISCHER LEBENSBAUM

Thuja occidentalis
Zypressengewächse

Der Abendländische Lebensbaum hat eine dichte, duftende Beblätterung, deren ätherisches Öl giftig ist. Die Blätter verfärben sich im Herbst gelblich. Die Zapfen sind eiförmig, die darin enthaltenen Samen 5 mm lang und 1 mm breit mit Flügelsaum. Die Äste sind waagrecht verzweigt. Von dem langsam wachsenden Ziergehölz werden bei uns mehr als 70 Sorten kultiviert. Das Holz ist weich und sehr leicht, es riecht aromatisch und hat eine hohe Widerstandsfähigkeit gegen holzzerstörende Pilze, daher wird es auch zur Herstellung von Kanus verwendet.

Erst im reifen Zustand werden die Zapfen der Thuja bräunlich, dann klaffen die Schuppen auseinander.

WUCHSFORM dichte, schmale, tief herabreichende Krone, Äste stehen waagrecht ab | **WUCHSHÖHE** bis 20 m | **IMMERGRÜN** | **BLÜTEN** März–April | **ZAPFEN** 10 mm lang | **BORKE** rötlich braun, längsrissig, löst sich in Streifen ab | **STANDORT** anspruchslos | **HEIMAT** Nordamerika

Die Borke ist mehr als 30 cm dick und schwammig. Sie schützt den Baum vor der Hitze des Feuers bei Waldbränden.

MAMMUTBAUM

Sequoiadendron giganteum
Sumpfzypressengewächse

Der Mammutbaum hat in 3 Reihen schraubig stehende Nadeln, die 3–8 mm lang sind, an Haupttrieben bis 12 mm. Sie sind an jungen Zweigen anliegend, sonst abstehend und am Zweig herablaufend. Die Nadeln haben eine scharfe Spitze, sind unterseits konvex, oberseits fast flach und haben beiderseits je zwei schmale helle Streifen. Die Schuppenschilder der Zapfen sind in der Mitte etwas vertieft. Am zur Basis hin stark verbreiterten Stamm stehen relativ kurze Äste waagrecht ab. Das Holz ist harzfrei, tief rotbraun und sehr spröde, weshalb es unter Schneelast viele Astbrüche gibt. Mammutbäume stehen im natürlichen Verbreitungsgebiet unter Naturschutz und können bis 3.000 Jahre alt werden.

WUCHSFORM kegelförmige, schlanke Krone | **WUCHSHÖHE** bis 100 m | **IMMERGRÜN** | **BLÜTEN** Mai | **ZAPFEN** 5–8 cm lang, bis 5 cm dick | **BORKE** zimtbraun, tief längsrissig | **STANDORT** tiefgründig und frisch mit möglichst hoher Sommerwärme | **HEIMAT** Nordamerika, Sierra Nevada

WACHOLDER

Juniperus communis
Zypressengewächse

Die stechenden Nadeln des Wacholders stehen stets in 3-er-Quirlen. Sie sind 10–15 mm lang, 1,5 mm breit und stehen starr ab. Der weiße Wachsstreifen auf der Oberseite ist breiter als die grünen Randstreifen. Die Nadeln sind oberseits schwach rinnig, unterseits gekielt. Die schwarzblau bereiften Beerenzapfen liefern Wacholdersaft und dienen als Gewürz, eine Kur mit den Beeren hilft bei Rheuma, Gicht und Magenbeschwerden. Sie benötigen drei Jahre bis zur Reife und werden durch Tiere verbreitet. Holz, Zweige und Nadeln werden wegen ihres hohen Gehaltes an ätherischen Ölen zum Räuchern verwendet.

In den Beerenzapfen sind 2–3 Samen enthalten, die von Schafen oder Vögeln verbreitet werden.

WUCHSFORM aufrechter, meist säulenförmiger Strauch | **WUCHSHÖHE** 1–3 m, selten bis 12 m | **IMMERGRÜN** | **BLÜTEN** April–Mai | **FRÜCHTE** 5–8 mm | **STANDORT** Kiefer- und Eichentrockenwälder, Heiden, Lichtholz

Hier sind die Schuppen der stets hängenden Zapfen bereits geöffnet und die Samen ausgefallen.

FICHTE

Picea abies
Kieferngewächse

Im Gegensatz zur Tanne (S. 95) haben die Nadeln der Fichte keine weißen Streifen auf der Unterseite. Die Nadeln sind fest und biegsam, zugespitzt und sitzen auf einem Stielchen. Entnadelte Zweige sind gefurcht und raspelartig rau. Die Zapfen fallen als Ganzes ab. Vor der Reife sind sie violettpurpurn, reif braun. Es gibt viele Gartenformen, einige lassen sich gut als Hecke schneiden. Das Holz wird als Bauholz und zum Innenausbau verwendet. Durch das Harz ist es widerstandsfähig gegen Krankheiten und riecht aromatisch. Fichten, wegen ihrer rotbraunen Rinde auch Rottannen genannt, sind Flachwurzler und werden bis zu 300 Jahre alt.

WUCHSFORM Krone kegelförmig, quirlig stehende Zweige | **WUCHSHÖHE** bis 50 m | **IMMERGRÜN** | **BLÜTEN** April–Juni | **ZAPFEN** 10–16 cm lang, 3–4 cm dick | **RINDE** rotbraun | **STANDORT** frische bis nasse Böden

WEISSTANNE

Abies alba
Kieferngewächse

Die Weißtanne hat flache Nadeln mit zwei breiten, weißen Wachsstreifen auf der Unterseite. Die Nadeln haben einen scheibenartig verbreiterten grünen Stiel, der dem Zweig direkt aufsitzt. Beim Abfallen hinterlassen sie eine runde Narbe, entnadelte Zweige sind glatt. Die Zapfen stehen aufrecht, ihre Schuppen fallen bei der Reife einzeln ab. Die Weißtanne liefert ein wertvolles, harzfreies Bauholz, das sich an der Luft grau verfärbt. Es lässt sich gut bearbeiten und imprägnieren. Das Höchstalter unserer immissionsempfindlichsten einheimischen Baumart liegt bei 500 Jahren.

WUCHSFORM Krone älterer Bäume oben storchennestartig abgeflacht | **WUCHSHÖHE** bis 50 m | **IMMERGRÜN** | **BLÜTEN** Mai–Juni | **ZAPFEN** 16 cm lang, 3–5 cm dick | **RINDE** hellgrau, grobrissige Schuppenborke | **STANDORT** Bergmischwald, Schattholz | **HEIMAT** Mittel- bis Südeuropa

HEMLOCKTANNE

Tsuga canadensis
Kieferngewächse

Die Nadeln oder Schuppen der Hemlocktanne leben bis zu 6 Jahre und sind sehr fein gezähnt. Sie verschmälern sich in der vorderen Hälfte deutlich. Oberseits sind sie glänzend dunkelgrün, unterseits mit relativ schmalem, grauweißem Mittelstreifen. Dieser ist etwa so breit wie die beiden grünen Randstreifen zusammen. Die kleinen Zapfen sind kurz gestielt. Bei uns werden Hemlocktannen in sehr vielen Sorten als Zierbaum gepflanzt. Sie haben ein flaches Wurzelsystem und sind windwurfgefährdet. Ihr Holz ist weich und leicht.

In den eiförmigen Zapfen befinden sich sehr kleine Samen mit einem 7 mm langen Flügel zur Windverbreitung.

WUCHSFORM breit kegelförmige Krone | **WUCHSHÖHE** 10–30 m | **IMMERGRÜN** | **BLÜTEN** April–Mai | **ZAPFEN** 1,3–2,3 cm lang | **BORKE** braun, grob, längsrissig | **STANDORT** tiefgründige, nährstoffreiche Lehmböden | **HEIMAT** östliches Nordamerika

DOUGLASIE

Pseudotsuga menziesii
Kieferngewächse

Die Nadeln der Douglasie stehen meist 2-reihig. Sie haben unterseits 2 weißliche Bänder und sind an der Basis in ein Stielchen verschmälert, das schräg vom Zweig absteht. Zerriebene Nadeln duften nach Orangen. Die Douglasien sind außerdem gut an ihren hängenden Zapfen zu erkennen, deren weit herausragende Deckschuppen dreispitzig sind. In Europa werden Douglasien zur forstlichen Nutzung angebaut, da sie hohe, raschwüchsige Bäume bilden. Sie gehören zu den höchsten Bäumen der Nordhalbkugel, die in ihrer Heimat bis zu 100 m hoch werden können. Bei jungen Bäumen stehen die Äste mehr oder weniger waagrecht ab. Douglasien haben ein flaches Wurzelsystem.

Douglasienzapfen fallen als Ganzes ab. Mit der dreizipfligen Deckschuppe sind sie unverwechselbar.

WUCHSFORM unregelmäßige, flache Krone | **WUCHSHÖHE** 70–80 m | **IMMERGRÜN** | **BLÜTEN** Mai | **ZAPFEN** 10 cm lang | **BORKE** dunkel graubraun, in den Rissen kräftig hellbraun, mehr als 10 cm dick | **STANDORT** anspruchslos, Halbschattholz | **HEIMAT** Westhänge der nordamerikanischen Küstengebirge

EIBE

Taxus baccata
Eibengewächse

Die Eibe wird wegen ihrer schönen roten Früchte gerne als Ziergehölz gepflanzt.

Die Nadeln der Eibe sind schraubig am Zweig angeordnet. Sie sind flach und glänzend dunkelgrün, dadurch wirkt auch die Krone sehr dunkel. Die Eibe bildet als einziger Nadelbaum keinerlei Harz. Ihre Samen sind von einem fleischigen, leuchtend roten Samenmantel umgeben. Sie ist in der Natur selten, da sie sehr langsam wächst. Deshalb steht der Baum unter Naturschutz. Für den Garten oder Park gibt es viele verschiedene Sorten der Eibe. Sie hat ein starkes Austriebsvermögen, ist gut schnittverträglich und eine robuste Heckenpflanze. Das Holz ist sehr dekorativ, hart, daher gut zum Drechseln geeignet, und wurde früher für Bögen verwendet.

WICHTIG Alles an der Eibe bis auf den roten Samenmantel ist stark giftig!

WUCHSFORM Krone ± rundlich, oft mehrere Stämme, knorrig | **WUCHSHÖHE** 15 m | **IMMERGRÜN** | **BLÜTEN** März–Mai | **FRÜCHTE** Samen hartschalig, unter 1 cm | **RINDE** grau- bis rötlichbraun, löst sich in dünnen, unregelmäßigen Schuppen ab | **STANDORT** kalkreiche, stets frische, humusreiche Böden, Licht- bis Halbschattholz

CHINESISCHES ROTHOLZ, URWELTMAMMUTBAUM

Metasequoia glyptostroboides
Sumpfzypressengewächse

Das Chinesische Rotholz wurde 1941 in Szechuan entdeckt. Der Baum hat gegenständige Nadeln, die an seitlichen Kurztrieben in einer Ebene stehen. Diese Kurztriebe verfärben sich im Herbst gelb bis rotbraun und werden als Ganzes abgeworfen. Der Stamm an der Basis älterer Bäume ist stark verdickt und hat grubenartige Vertiefungen. Die dunkelbraunen Zapfen sind langgestielt und fast kugelig. Das Holz der Metasequoia ist weich und leicht. Der Baum wächst vor allem in der Jugend sehr schnell, toleriert aber keine Lichtkonkurrenz. In unserem Klima kommt es häufig zu Spätfrostschäden.

Der Stamm ist an der Basis auffallend verbreitert und verjüngt sich nach oben stark.

WUCHSFORM gerader Stamm, Krone breit abgerundet | **WUCHSHÖHE** 35–50 m | **SOMMERGRÜN** | **BLÜTEN** Ende Februar | **ZAPFEN** 2–2,5 cm lang | **BORKE** außen graubraun, darunter rotbraun, löst sich in langen Streifen ab | **STANDORT** warm, feuchte Schluchten, an Flussufern | **HEIMAT** China

ZEDER

Cedrus libani
Kieferngewächse

Die Nadeln der Zeder sind steif und sitzen zu 10–15 an Kurztrieben, im Umriss sind sie vierkantig. Sie werden 3–6 Jahre alt. Die Zapfen sind erst im Winter des zweiten Jahres reif und haben dann eine graubraune Färbung. Bei uns ist die Libanon-Zeder als eindrucksvoller, jedoch nicht immer ganz winterharter Parkbaum geschätzt. Sie lieferte in der Antike sehr wertvolles Holz für den Schiffsbau, den Bau von Tempeln und Palästen. Das Holz ist sehr schön, dauerhaft, leicht zu bearbeiten und riecht aromatisch. Normalerweise werden die Bäume 400–800 Jahre alt.

Nadeln in Büscheln von 10–15

Von den runden Zapfen ist oft nur noch die Spindel zu sehen, während die Schuppen am Boden liegen.

WUCHSFORM schlanke, pyramidenförmige Krone | **WUCHSHÖHE** 30–40 m | **IMMERGRÜN** | **BLÜTEN** September | **ZAPFEN** 8–10 cm lang, 4–6 cm breit | **BORKE** rau, gefurcht, grau | **STANDORT** kalkliebend | **HEIMAT** Taurus, Libanon

Zur Reife stehen die eiförmigen braunen Zapfen aufrecht am Zweig. Sie haben 40–50 Samenschuppen.

Nadeln an Kurztrieben bis zu 40 gebüschelt

EUROPÄISCHE LÄRCHE

Larix decidua
Kieferngewächse

Die Europäische Lärche kommt natürlicherweise nur im Hochgebirgsnadelwald vor. Dabei profitiert sie davon, dass sie so frosthart ist wie kaum eine andere Baumart. Mit ihrer Herzwurzel ist sie tief im Boden verankert und daher sehr stabil bei Sturm und Schnee. Das Holz übertrifft andere Nadelhölzer in Bezug auf Tragfähigkeit und Festigkeit. Es ist das schwerste und härteste einheimische Nadelholz. Die Europäische Lärche kann 800 Jahre alt werden. In ihrer Baumkrone lebt eine große Artenvielfalt an Insekten. Sie ist der einzige einheimische Nadelbaum, der nach einer goldgelben Herbstfärbung die Nadeln im Winter abwirft. Aus dem Harz kann eine Salbe gegen Rheuma hergestellt werden.

WUCHSFORM Krone kegelig, im Alter unregelmäßig, licht | **WUCHSHÖHE** bis 35 m | **SOMMERGRÜN** | **BLÜTEN** März–Juni | **ZAPFEN** 2,5–4 cm lang | **RINDE** grau bis braun | **STANDORT** frisch, basenreich, Lichtholz | **HEIMAT** Alpen

WALDKIEFER

Pinus sylvestris
Kieferngewächse

Die Nadeln der Waldkiefern, auch Föhren genannt, stehen zu zwei in einer Nadelscheide. Sie sind im Mittel über 4 cm lang, blau- oder graugrün, gedreht und oft gekrümmt. Die Jungtriebe sind grünlichgelb. Die hängenden Zapfen sind matt und 2–3,5 cm dick. Waldkiefern können bis zu 500 Jahre alt werden. Sie sind verbreitete Forstbäume. Ihr wertvolles Nutzholz wird für Spanplatten und im Möbelbau verwendet. Als Tiefwurzler schließen sie den Boden für andere Gehölze auf und sind unempfindlich gegen Frost und Hitze. Die Wurzeln gehen eine Symbiose unter anderem mit dem Fliegenpilz ein.

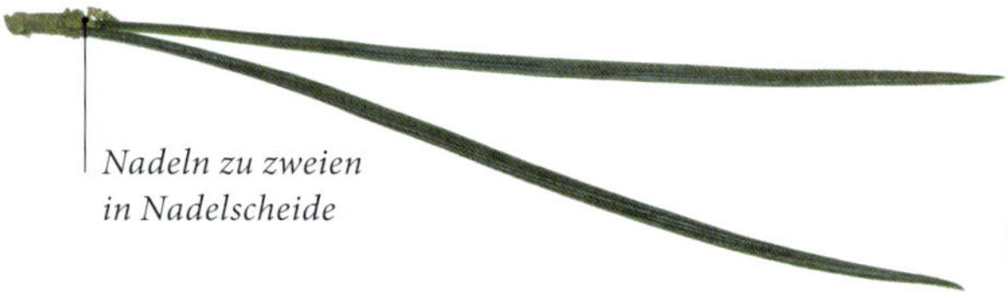

Die geflügelten Samen, die aus den Zapfen fallen, werden vom Wind verbreitet.

WUCHSFORM breit eiförmige Krone | **WUCHSHÖHE** bis 40 m | **IMMERGRÜN** | **BLÜTEN** Mai–Juni | **ZAPFEN** bis 7 cm | **BORKE** zunächst fuchsrot, später graubraun | **STANDORT** geringe Nährstoff- und Wasseransprüche, Licht- bis Halbschattholz

SCHWARZKIEFER

Pinus nigra
Kieferngewächse

Die Nadeln der Schwarzkiefer sind 8–15 cm lang, gerade oder nur wenig gekrümmt. Die Schwarzkiefer wird in den Ländern fast aller Erdteile als Parkbaum kultiviert und ist ein wichtiger Baum zur Aufforstung auf Kalkfelsböden und in Trockenwäldern. Das Holz ist sehr harzreich und riecht aromatisch. In den europäischen Mittelmeerländern ist die Schwarzkiefer ein häufiger Waldbaum.

Die grauschwarze Schuppenborke ist tief und grob gefurcht, was bei alten Bäumen sehr dekorativ aussieht.

WUCHSFORM breit eiförmige, dichte, dunkle Krone | **WUCHSHÖHE** bis 40 m | **IMMERGRÜN** | **BLÜTEN** Mai–Juni | **ZAPFEN** 4–8 cm lang | **BORKE** schwarzgrau (Name!), tiefrissig | **STANDORT** trockene, flachgründige Kalkfelsböden, hoher Lichtbedarf | **HEIMAT** Südosteuropa

SERVICE

ZUM WEITERLESEN

Haag, Holger: **Welcher Baum ist das? Kindernaturführer.** Kosmos 2017.
Kompetent und kindgerecht stellt dieser Kindernaturführer die aufregende Welt der Bäume und Sträucher vor und gibt nützliche Tipps und Tricks rund ums Bestimmen, Erkennen und Selbermachen. Empfohlen vom NABU.

Mayer, Joachim und Hans-Werner Schwegler: **Welcher Baum ist das?** Kosmos 2014.
Auf über 1.000 Fotos zeigt dieses Buch mehr als 600 Arten und Sorten von Bäumen, Sträuchern und Ziergehölzen. Der klare Bestimmungsschlüssel führt schnell zur richtigen Art und Extras zu Knospen, Borken, Samen und Früchten liefern zusätzliche Informationen.

Spohn, Margot: **KOSMOS-Baumführer Europa.** Kosmos 2011.
Dieser Naturführer porträtiert alle europäischen sowie häufige außereuropäische Bäume. Über 2.600 farbige Illustrationen zeigen die Wuchsform sowie Details zu Blatt, Blüte, Frucht und Rinde.

baumkunde.de
Die Online-Datenbank für Bäume und Sträucher. Hier können Sie online Bäume und Sträucher anhand verschiedener Merkmalsgruppen bestimmen.

baumportal.de
Auf dieser Seiten finden Sie Informationen über Bäume sowie verschiedene Bestimmungshilfen für Laub und Nadelbäume.

botanische-gaerten.de
Das Portal für botanische Gärten in Deutschland. Über eine PLZ-Suche oder eine Karte finden Sie den Großteil der botanischen Gärten in Deutschland, viele Informationen zu diesen Einrichtungen und haben die Möglichkeit, direkt auf die einzelnen Homepages weitergeleitet zu werden. In botanischen Gärten können Sie sehr viele einheimische und fremdländische Gehölze sehen und oft werden auch interessante Führungen angeboten.

ddg-web.de
Die Seite der Deutschen Dendrologischen Gesellschaft e. V.. Die DDG vermittelt ein biologisches und ökologisches Verständnis für Bäume und Sträucher, will die Kenntnisse über Gehölze erweitern und macht auf wertvolle Gehölzbestände aufmerksam. Hier finden Sie unter anderem auch eine Liste mit „Rekordbäumen“ und deren Standorte.

REGISTER

Birke

S

T

U

Eiche

V

W

Z

IMPRESSUM

Umschlaggestaltung von Gramisci Editorial Design, München, unter Verwendung zweier Fotos von Frank Hecker (Ginkgo biloba) und shutterstock © kzww (Hintergrund).

Mit 153 Farbfotos von **Heiko Bellmann** über Hecker (13: 2/3, 8, 12r, 13u, 14, 25l, 27r, 42, 43r, 57, 84, 98), **Markus Braun** (1: S. 111), **Blinkwinkel** über Hecker (5: 76, 99, 89, 90,100) und **Frank Hecker** (alle weiteren). Die Fotos der Blätter wurden von Frank Hecker eigens für dieses Buch aufgenommen. Diese Bilder sind auf den Klappen zusätzlich noch einmal abgedruckt.

Mit 100 Farbillustrationen von Pascalis Dougalis (alle 64 Baumsilhouetten), Marianne Golte-Bechtle (19), Sigrid Haag (4) und Roland Spohn (13),

Dank

Verlag, Autorin und Fotograf danken dem Botanischen Garten der Christian-Albrechts-Universität Kiel für die freundliche Unterstützung und die Genehmigung, Blätter und Zweige von Gehölzen für die Anfertigung der Studiofotos zu entnehmen.
Außerdem ein herzliches Dankeschön an Markus!

Die Autorin

Meike Bosch hat nach ihrer Ausbildung zur Schreinerin Biologie mit dem Schwerpunkt Botanik an der Universität Hohenheim studiert. Bäume spielen für sie – auf ganz unterschiedliche Art – also schon immer eine wichtige Rolle. Ihre Begeisterung für Gehölze gibt sie in Führungen durch Parks und Botanische Gärten weiter. Außerdem ist sie in der Umweltpädagogik und der Erwachsenenbildung, hauptsächlich zum Thema Streuobstwiesen, tätig.

ISBN 978-3-440-15264-5
Redaktion: Claudia Salata
Layout und Satz: Katrin Kleinschrot
Produktion: Markus Schärtlein
Druck und Bindung: Longo AG, Bozen
Printed in Italy / Imprimé en Italie

FSC www.fsc.org
MIX
Papier aus verantwortungsvollen Quellen
FSC® C023164

BLÄTTER AUF EINEN BLICK

Fortsetzung von der vorderen Umschlagklappe

Esche, Seite 70/71

Platane, Seite 72/73

Robinie, Seite 74/75

Götterbaum, Seite 80/81

Essigbaum, Seite 82/83